都市工学をささえ続ける
セラミック材料入門

加藤 誠軌

アグネ技術センター

はじめに

　現代都市工学の三大建設資材は鉄とコンクリートとガラスだそうです。林立する高層ビルの構造材料として鉄鋼とコンクリートは不可欠な材料です。外装や内装には花崗岩や大理石などの岩石がかならず使われています。ガラスを使っていない高層ビルなど，見たこともありません。鉄鋼材料を製造するには耐火物というセラミックスが絶対に必要です。シヴィル・エンジニアにとってセラミック材料が重要であることがよく分かるでしょう。

　セラミックスが関係する分野は広大で，熱帯雨林のように雑然としていますが，それらは三つに大別できます。「天然セラミックス」と「伝統セラミックス」と「先進セラミックス」です。岩石は立派な天然セラミックスで，石器として数百万年前から人類が利用してきた材料です。伝統セラミックスは一万数千年前に人類が発明した土器にはじまる合成材料です。先進セラミックスは百年足らずの歴史しかもっていない新素材です。

　道具や品物をつくるには材料が必要です。すべての材料は，金属材料と有機高分子材料そしてセラミック材料に大別できます。セラミック材料についての解説書は，有機高分子材料や金属材料に比べてはなはだ貧弱です。セラミック材料の全貌（ぜんぼう）を簡潔（かんけつ）に解説した単行本は内外ともに皆無です。本書は都市工学に関心をもつ方々を対象としたセラミックジャングルについての最初のガイドブックです。この小冊子でセラミックスのすべてを紹介することは無理ですが，セラミックスの全体像は理解していただけると考えています。

　この本は高校生程度の実力があれば，文系でも理系でも専門に関係なく理解できるように解説しました。本書は一般の読者にも楽しい読み物であるようにと心がけましたが，大学や高専そして企業内研修の教科書や参考書にも使えるように

と配慮したつもりです。

「天然セラミックス」は著者が提唱している概念です。石材の魅力(みりょく)は機能に比べて価格が安いことです。しかも数百年単位の寿命をもっています。現在の科学技術では，どれほどお金をかけても10cm角の花崗岩も大理石も製造できません。

伝統セラミックスは珪酸塩原料からつくる窯業(ようぎょう)製品です。適度の水を含む粘土は可塑性(かそせい)（plasticity）を備えています。粘土はプラスチックの語源なのです。和風陶磁器の製造技術は幕末には完成していましたが，板ガラス，ポルトランドセメント，耐火物，煉瓦(れんが)，タイル，洋食器，衛生陶器，碍子(がいし)，点火栓などの製造技術は，明治以来の諸先輩が百年の歳月をかけて達成した成果です。現在では日本の伝統セラミックス産業は世界一の技術水準を誇っています。

先進セラミックスは全ての元素を対象にする「汎(はん)元素材料」で，現在の日本企業の技術水準は世界の超一流です。ユビキタス時代を迎えて，日本企業がつくっている膨大(ぼうだい)な数量の微小なエレセラ部品がなければ，世界各国の軍需産業も宇宙航空産業も成り立たないというのが現実の姿です。それにしては関係者の発信力が小さいのはなぜでしょうか？

エレセラはデジタル時代を支える花形部品群です。読者に質問しましょう。携帯電話の中に芥子粒(けし)よりも小さい多数のエレセラ（先進セラミック）部品が搭載されているのをご存じですか？　実際には，300個以上のエレセラ部品が詰め込まれているのです（2006年度の製品で）。それに加えて個別半導体などの小部品が100個ほど使われています。

日本を含めて先進諸国では，セラミックスの科学・工学・技術は人気がありません。ノーベル賞を狙(ねら)えるような仕事ではないからです。伝統セラミックスの開発・研究はもちろん，先進セラミックスの研究も開発も泥臭い仕事の連続で，勤勉な技術者の努力と関係全員の汗が必要なのです。

日本中の大学では工学部に伝統セラミックスの研究者が皆無になりました。大学や国立研究機関にあった伝統セラミックスの研究室は，すべて先進セラミックスに転進しました。現在では無機材料工学科が設置されている大学は東京工業大学だけで，定員は30名です。

これに対して，中国と韓国ではセラミックス工学への関心が急速に高まっています。中国では1999年にはセラミックス工学科がある大学が55校もあって，

学部卒業生が2,200名でした。韓国でもセラミックス工学科のある大学が14校あります。

現在では圧倒的に強い日本企業の先進セラミックスは20年先にはどうなっているでしょうか？　日本企業の技術的優位があと何年続くのか，私にはわかりません。日本の先進セラミックスが進歩したのは伝統セラミックスの研究者が少なかったからだという専門家もいます。著者は現在の課題はエリート教育の充実にあると考えます。「将来の研究方向を指示できる」創造的な人材が参入されることを切望しています。

現在の日本人は世界一の「やきもの」好きですが，「やきもの」は芸大の担当分野で，工学の対象ではなくなりました。「やきもの」の本は無数に出版されていますが，それらは美術・工芸の本ばかりです。

本書には種本も類書もありませんが，著者が2004年に上梓した『標準教科 セラミックス[*1]』と内容がかなり重複しています。

本書は何分にも広い分野を扱っています。それらを一人で著述して間違いがないなどとはとても保証できません。お気づきのことがあれば編集部あてにご連絡ください。調査して増刷のときに訂正いたします。

本書の校正は岡山理科大学工学部の福原実教授にお願いしました。

本書の編集を担当されたアグネ技術センター編集部に感謝します。

これらの方々と，引用した書籍の著者，資料を提供していただいた内外の公共機関や出版社，そして各企業に心から感謝します。

2007年12月12日

加藤　誠軌

---

*1：加藤誠軌 著，『標準教科 セラミックス』，内田老鶴圃，（2004年）

セラミックスの参考書

酸・アルカリ，肥料，無機薬品，顔料，電気化学，窯業など，無機工業化学全般についての解説書は数冊が刊行されています[*1-*8]。

伝統セラミックスの個別分野（ガラス，セメント，コンクリート，陶磁器，耐火物，炭素材料，琺瑯，石膏・石灰など）についての解説書はたくさん出版されています。

先進セラミックスの個別分野（基礎科学，結晶化学，構造材料，光材料，電子材料，圧電材料，磁性材料，プロセッシングなど）の解説書も多数出版されています。

窯業や先進セラミックス全般についての便覧や事典としては『窯業工学ハンドブック[*9]』，『セラミックス辞典[*10]』，『セラミック工学ハンドブック[*11]』，『ファインセラミックス技術ハンドブック[*12]』，『化学便覧　基礎編[*13]』，『化学便覧　応用編[*14]』などがあります。

「やきもの」の本は無数にあります。たとえば『やきもの事典　増補[*15]』には約800冊の書名が，「日本陶磁史・概論」，「中国陶磁史・概論」，「朝鮮陶磁史・概論」，「東南アジア・中近東・ヨーロッパなどの陶磁」，「地域別研究書・図録」，「原始・古代・中世」，「茶陶」，「東西交流・貿易に関する文献」，「特殊研究書」，「事典・辞書」，「技術書・入門書」，「全集」，に分類して掲載されています。

---

*1：久保輝一郎 著，『無機工業化学　新版』朝倉書店，（1976年）
*2：原沢四郎 著，『無機工業化学　増補版』共立出版，（1965年）
*3：安藤淳平・佐治 孝 著，『無機工業化学　第4版』東京化学同人，（1995年）
*4：塩川二朗 編，『無機工業化学　第2版』化学同人，（1993年）
*5：金澤孝文・谷口雅男・鈴木 喬 ほか著，『無機工業化学―現状と展望―』講談社，（1994年）
*6：Büchner ほか著，佐佐木行美・森山広思 訳，『工業無機化学』東京化学同人，（1989年）
*7：伊藤 要・永長久彦 著，『無機工業化学概論　改訂版』培風館，（1994年）
*8：太田健一郎・仁科辰夫・佐々木 健 ほか著，『無機工業化学（応用化学シリーズ1）』朝倉書店，（2002年）

＊9：窯業協会 編,『窯業工学ハンドブック 第2版』技報堂,（1973年）
＊10：日本セラミックス協会 編,『セラミックス辞典 第2版』丸善,（1997年）
＊11：日本セラミックス協会 編,『セラミック工学ハンドブック 第2版』技報堂出版, （2002年）
＊12：ファインセラミックス事典編集委員会 編,『ファインセラミックス事典』技報堂出版,（1987年）
＊13：日本化学会 編,『化学便覧 基礎編 改訂5版』丸善,（2004年）
＊14：日本化学会 編,『化学便覧 応用化学編 第6版』丸善,（2003年）
＊15：平凡社 編,『やきもの事典 増補』平凡社,（2000年）

記述について

本書では，常用漢字や当用漢字にこだわらないで，難しい漢字はルビ付きで表記しました。イオウ（硫黄），ガイシ（碍子），ほう砂（硼砂），ほうろう（琺瑯），れんが（煉瓦），ろ過（濾過），水ひ（水簸），セッコウ（石膏），たい積岩（堆積岩），はんれい岩（斑糲岩）などです。

水や湯で「とかす」場合には，溶解，溶液，溶媒などと記載しましたが，高温に加熱して「とかす」場合には，熔融，熔化，熔岩，熔鉱炉など，火偏を採用しました。

目　　次

はじめに…………………………………………………………………… i

第1章　セラミックスとは ― 1
1.1　道具と材料………………………………………………… 1
人類の誕生／材料
1.2　天然セラミックス……………………………………… 4
自然がつくった天然セラミックス／石器の発明／
古代社会の石造構造物
1.3　伝統セラミックス……………………………………… 6
火の利用／土器の発明／古代社会のセラミック構造物／
セラミックスの用語／伝統セラミックスの定義／
伝統セラミックス産業の生産統計
1.4　先進セラミックス……………………………………… 13
ハイテク機器の進歩／新しいセラミックスの開発／
先進セラミックスの特徴／小型化の手段／日本企業の実力／
セラミックスの専門教育
コラム　アイスマン　2／物質の名前　8／文字の発明　10／日本漢語
　　　　10／明治初期の技術導入　12

第2章　天然セラミックス ― 19
2.1　地球の歴史……………………………………………… 19
地球の断面／天地創造／地球の誕生と成長／生命の誕生と進化／
炭素と水の地球的循環／岩石と鉱物／結晶と結晶状態／

　　　　火成岩／堆積岩／変成岩
　2.2　石材の利用……………………………………………………31
　　　　古代ローマにおけるインフラ整備／石材の魅力／花崗岩の利用／
　　　　大理石の利用
　2.3　土石類の利用…………………………………………………36
　　　　鉱産原料／礫の利用／砂の利用／天然多孔質材料／粘土の利用／
　　　　ゼオライト
　コラム　プレートテクトニクスとプルームテクトニクス　24／
　　　　　地球深部探査船　28

第3章　粘土セラミックス ―――――――――― 41

　3.1　陶　磁　器……………………………………………………41
　　　　「やきもの」の原料／粘土と粘土鉱物／長石／シリカの鉱物と岩石／
　　　　「やきもの」の種類と分類／「やきもの」の特性／
　　　　大きな「やきもの」／伝統陶磁器の組織／釉
　3.2　日本列島の「やきもの」………………………………………48
　　　　古代から中世の「やきもの」／和風陶器の進歩／伊万里磁器／
　　　　江戸時代末期の「やきもの」
　3.3　セラミック建材…………………………………………………57
　　　　セラミック建材とは／屋根材／煉瓦／タイル／壁材／
　　　　アルミサッシ／人工大理石／衛生陶器
　コラム　外国人の美意識　50／日本人の美意識　52／茶の湯　54／
　　　　　茶道　56／陶芸天国日本　56

第4章　セメントとコンクリート ―――――――― 63

　4.1　無機接着剤………………………………………………………63
　　　　接合／石灰／漆喰／石膏
　4.2　ポルトランドセメント…………………………………………66
　　　　実用セメント／ポルトランドセメントの組成と原料／
　　　　原料の粉砕と焼成／ポルトランドセメントの水和と硬化／
　　　　特殊ポルトランドセメント／混合セメント／アルミナセメント
　4.3　コンクリート……………………………………………………75

セメントペースト，モルタル，コンクリート／古代のコンクリート／コンクリートの強度／混和剤／鉄筋コンクリート（RC）／繊維強化コンクリート（FRC）／プレストレスト・コンクリート（PC）／プレキャスト（PCa）工法／舗装と軌道／フェロセメント／アルカリ骨材反応／鉄筋コンクリートの寿命／欠陥コンクリート工事／欠陥コンクリート対策

第5章　ガ ラ ス ―――――――――――――――――― 87

5.1　各種ガラス························87
　　　ガラスの用語／ガラスの特性／シリカガラス／アルカリ石灰ガラス／鉛ガラス／硼珪酸ガラス／珪酸塩でないガラス

5.2　ガラス状態······················91
　　　ガラス転移点／ガラスの熔融／ガラスの特性温度と作業温度

5.3　容器ガラス······················94
　　　古代ガラス／手吹きガラス器／量産ガラス器／プレス成形ガラス器

5.4　板 ガ ラ ス······················97
　　　昔の板ガラス／ロール圧延式板ガラス／フロート式板ガラス／強化ガラス／安全ガラス／断熱ガラス

5.5　結晶化ガラス····················101
　　　ガラスの結晶化／快削性セラミックス／結晶化ガラス製石材／分相ガラス／ゾル・ゲル法

コラム　琺瑯と七宝　96

第6章　炭素と核関連材料 ――――――――――――― 105

6.1　伝統炭素材料····················105
　　　ダイヤモンドと黒鉛／無定形炭素／カーボンブラック／木炭／石炭とコークス／石油と天然ガス／活性炭

6.2　先進炭素材料····················112
　　　超高純度等方性黒鉛材料／炭素繊維／カーボン皮膜／フラーレン／カーボンナノチューブ

6.3　核関連材料······················116

同位体／放射性元素／核分裂と超ウラン元素／原子爆弾／
原子力発電／軽水型原子炉／核燃料と制御材料／核廃棄物／
高速増殖炉と核融合炉

コラム　鉛筆　107　／年代測定　117　／人口急増　123　／
　　　　核戦争の恐怖　124

第7章　強度関連材料 ——————————————— 125

7.1　高強度材料 ……………………………………………… 125
強度と弾性率／破壊靭性／高温・高強度・軽量セラミックスへの挑戦／高強度セラミックスの製造技術／アルミナセラミックス／炭化珪素セラミックス／窒化珪素セラミックス／サイアロンセラミックス／ガラス繊維強化プラスチック（GFRP）／炭素繊維強化樹脂（CFRP）／C/Cコンポジット／ジルコニアセラミックス

7.2　生体親和性材料 ………………………………………… 136
生体材料／再生医療

7.3　高硬度材料 ……………………………………………… 138
硬度／高硬度物質／超砥粒／研削・研磨加工／超硬合金とサーメット／コーティング工具／摺動材料

第8章　熱関連材料 ——————————————— 143

8.1　金属精錬 ………………………………………………… 143
石器から金属器へ／錬鉄の歴史／鋳鉄の歴史／鉄－炭素系平衡状態図／高炉製鉄法の歴史／現代の高炉製鉄法／製鋼法の進歩／鉄の生産量

8.2　耐火材料 ………………………………………………… 150
耐火物／耐火物の分類／定形耐火物／不定形耐火物

8.3　断熱材料 ………………………………………………… 154
断熱と保温／多孔体／多孔質セラミックス／珪酸カルシウム製品／ガラス繊維／セラミックファイバ／ウィスカー／微小中空球体

8.4　低熱膨張材料 …………………………………………… 159
コーディエライト（MAS）系材料／その他の低熱膨張材料

第9章　光関連材料 ―――――――――――――――――― 161

9.1　光学ガラス …………………………………………………161
電磁波と可視光線／光学部品／光学ガラスの種類／ステッパ

9.2　照明・表示用材料 …………………………………………167
白熱電灯／放電照明／透光性多結晶材料／閃光照明／蛍光灯／
有機 EL 照明／ブラウン管／平面表示装置用板ガラス／
発光ダイオード／レーザ／レーザプリンタ

9.3　薄　　　膜 …………………………………………………174
表面処理／薄膜技術／光触媒／太陽電池

9.4　光通信材料 …………………………………………………178
光ファイバ／光ファイバの製造法／関連技術

第10章　電気・電子関連材料 ――――――――――――――― 181

10.1　絶縁材料～超電導材料 ……………………………………181
電気抵抗／絶縁物質／碍子／点火栓／セラミックパッケージと
回路基板／封止材料／超高純度シリコン半導体／IC タグチップ
／半導体製造工程／サーミスタ／バリスタ／抵抗材料／
イオン伝導材料／導電材料と超伝導材料

10.2　誘電材料・圧電材料 ………………………………………194
コンデンサ／ペロブスカイト構造／積層セラミックコンデンサ
／圧電物質／圧電デバイス／水晶部品

10.3　磁 性 材 料 …………………………………………………200
硬質磁性材料／軟質磁性材料／磁気記録材料／その他の磁性材料

10.4　セ　ン　サ …………………………………………………204
自然界のセンサ／千差万別なセンサ

コラム　厚膜技術　185

索　　引 ……………………………………………………………207

セラミックスとは

1.1 道具と材料

人類の誕生

現世人類のルーツはアフリカにあります。およそ700万年前，人類と類人猿の共通の祖先は中央アフリカの豊かな森で暮らしていました。森の中では木の枝にぶら下がって移動するのが有利で，類人猿は樹上の生活に固執しました。しかし現世人類は徐々に地上生活を習得していきました。直立すると両手が自由になります。人類は手の親指を発達させて道具を容易に握れるように身体の構造を変化させました。

類人猿は舌が自由に動かないので簡単な発声しかできません。京都大学類人猿研究所の天才チンパンジー アイちゃんはコンピュータで人間と会話できますが，しゃべることはできません。これに対して，直立した人類は喉の構造が変化して複雑な会話ができるようになりました。それに加えて高分解能の視力を獲得した人類は，喜びや悲しみなどの感情を共有して，仲間といろいろ相談ができるようになりました。さらには抽象的な概念，たとえば「神々」や「幸福」についても議論することができるようになったのです。

アイスマン

1991年9月,オーストリアとイタリアの国境付近,アルプスのファイナル峰に近い標高3,210mのハウスラブヨッホ氷河で一体のミイラが発見されました。この男性のミイラは,放射性炭素法で年代測定した結果(117頁参照),紀元前3,300年頃の遺体であることが判明して大変な話題になりました。当時はまだエジプトにピラミッドがなく,メソポタミアには王朝が成立していなかった頃です。青銅器も発明されていない時代のことです。

彼は鹿皮の衣服と帽子,そして縄を編んだマントをまとい,皮靴を履いていました。彼は木の枝でこしらえた背負い籠や,白樺の樹皮で編んだ円筒状の容器と火種を携行していました。それに加えて石でつくったナイフと,銅の刃を備えた斧を持っていました。

ナイフは全長13cmで,刃はフリント製の両刃で,柄はトネリコ材でつくり,動物の腱で刃の付け根を縛っていました。古代欧州では石器の多くがフリントでつくられました(44頁参照)。

銅斧は,全長:60.8cm,刃の長さ:9.3cm,柄はイチイの木で,動物の皮で銅の刃を縛ってありました。鋳造でつくられた銅斧の刃を蛍光X線分析で調べた結果は,Cu:99.7%,As:0.22%,Ag:0.09%であることが分かりました。アイスマンの携帯品からは17種類もの植物種が見つかっています。その時代から人類は天然素材を「適材適所」で実に上手に利用していたのです。

アイスマンの発見から15年を経ていろいろなことが分かってきました。当初は若者と考えられていた遺体が45歳前後で,肩や手に傷があって衣服に本人以外の4人の血液が付いていたことから,争いで死亡したという説が有力になりました。彼の体には59ヵ所の入れ墨があって,東洋医学の針治療のツボと一致しました。ミトコンドリアDNA鑑定を用いた研究によれば,彼の直系(250世代)の子孫が英国などに13名もいることが分かって世間を驚かせました。DNAから人種を鑑定する研究も進んでいるそうです。

---

*:シュピンドラー 著,畦上 司 訳,『5000年前の男―解明された凍結ミイラの謎』,文藝春秋,(1994年)

脳の重量は，チンパンジーなどの類人猿が 400 g であるのに，現代人は 3 倍以上の 1200-1,500 g です。人類とチンパンジーとではミトコンドリア DNA の内容は 1.2％しか違わないのですが，人類は脳を発達させて今日の文明を築いたのです。

永い進化の歴史の中で幾種類もの猿人や原人が登場しました。新生代（地質時代の大きな区分の一つ，約 6,500 万年前から現在まで）の第三紀と第四紀は，10 万年単位で地球が寒冷化と海面降下，温暖化と海面上昇を繰り返したことがわかっています。100 万年前頃にアフリカを出発して（第一の出アフリカ），中国や東南アジアに進出した北京原人やジャワ原人は結局子孫を残すことができませんでした。欧州各地に遺跡があるネアンデルタール人も 24,000 年前の最寒冷期を乗りきれないで絶滅しました。

10 万年前頃にアフリカ大陸を出発した（第二の出アフリカ）ヒトの祖先が世界中に進出しました。現世人類はラテン語で「知性ある人」を意味するホモ・サピエンス（homo sapiens）で，彼らだけが生き残ったのです。

人間の本質は道具をつくって使用することにあるとする別の定義もあります。ラテン語の「工作する人」を意味するホモ・ファーベル（homo faber）がそれです。物づくりこそ人間の特技です。

材　　料

道具や機械をつくるには材料（material）が必要です。人間の役に立つ物質を材料といいます。物質は人間に関係なく存在しますが，材料は人間に関係がある物だけを対象にします。材料に近い言葉に，素材，原料，資源，鉱石などがあります。

千差万別な材料は，金属材料，無機材料，有機高分子材料に大別できます。天然材料と合成材料，単一材料と複合材料などに区別することもできます。木材や大理石は天然材料ですが，ポリエチレンやステンレス鋼は合成材料です。鉄筋コンクリートや FRP（繊維強化プラスチック）は複合材料です。

構造材料は物体そのものを形づくっている素材を意味しています。構造材料の外形は，塊状（バルク，bulk），板状，膜状，棒状，線状，繊維状などさまざまです。材料の材質は，結晶質材料と非晶質材料に大別できます。結晶は単結晶と多結晶

に分けられます．実際に存在している材料の多くは多結晶質材料です．非晶質材料の代表はガラスです．

1.2 天然セラミックス

自然がつくった天然セラミックス

花崗岩や大理石などの岩石は，自然がつくった天然セラミックスです．黒曜石は天然ガラスです．地球上に存在する最古の岩石はカナダ西北部の 40.3 億年前の火成岩です．それ以来，地球上の至る所でいろいろな天然セラミックスがつくられてきました．そして現在もつくられていますし，将来もそうです．それらの岩石には火山岩も堆積岩も変成岩もあります．現在の科学技術では，どれほどお金を注ぎ込んでも 10 cm 角の花崗岩も大理石も製造することができません．

夜空に輝くお月様は直径が 1,740 km もある巨大な天然セラミックスです．宇宙飛行士が持ち帰った数百 kg にも達する月の石は，地球上にある火成岩と同じ種類の岩石で，地球上には存在しない古い岩石（46 億年前）も含まれていることがわかりました．「天然セラミックス，natural ceramics」は著者が提唱している概念です．

石器の発明

人類とセラミックスの関わりは石器の発明にはじまります．天然の石材を加工してつくった道具を石器（stone implement）といいます．250 万年前，エチオピアで生活していた猿人が丸い石の一端を打ち欠いて，最初の原始的な石器である礫器をつくりました．これによって動物の堅い皮や肉を切り裂く作業が容易になって，石器時代がはじまりました．今から 60 万年前頃，緻密な石材や天然ガラスを薄く打ち欠く技法が発明されて，槍の穂先に用いる石槍や矢の尖端につける石鏃など，鋭い刃をもつ打製石器をつくれるようになりました．この技術革新によって旧石器時代がはじまったのです．槍や弓矢など狩猟用の武器と解体ナイフを装備した原人は，鹿やマンモスなど大型動物をも狩猟することが可能になりました．

（左）石斧　　　　　（中）石鏃　　　　　（右）磨石と石皿
図 1.2.1　上野原縄文早期後葉遺跡（7,500 年前）から出土した石器
鹿児島県立埋蔵文化財センター

　日本列島には後期旧石器時代から人類が住み着いていました。日本列島では石器の素材として天然ガラスの黒曜石（こくようせき）（obsidian）やサヌカイト（讃岐岩（さぬきがん），sanukite）がよく使われました。これらの岩石は硬くて，打撃を加えると割れやすく，破面が貝殻状である点が共通しています。黒曜石は黒光りする火山ガラスで日本各地で産出しますが，長野県 霧ヶ峰の和田峠や伊豆 神津島の黒曜石が有名です。サヌカイトは黒色の緻密な無斑晶質輝石安山岩で，奈良地方から瀬戸内海沿岸にかけて産出します。
　鹿児島県霧島市の上野原遺跡は桜島を間近に望む景勝の台地で，9,500 年前から古代人の定住がはじまった縄文早期前葉の国指定史跡です。ここからは，住居跡，各種石器，土器，装身具など，狩猟・漁労（ぎょろう）・採集・調理に関係する多数の遺物が出土しています（図 1.2.1）。

古代社会の石造構造物

　人類が誕生してからの地球には数回の氷河期が訪（おとず）れました。後期旧石器時代は最終氷河期で，現世人類が世界中に拡がった時代です。そして地続きとなったベーリング海峡を渡って人類がアメリカ大陸に進出しました。
　今から 1 万数千年前には，地表が急激に温暖化して大洪水が起こり，海洋の深層海流の流れが変わって世界各地の気候が激変しました。地上の植物相も変化して，狩猟の対象となる大型動物が減少しました。その結果，世界各地で農業と牧

畜が行われるようになって，人々は集団生活するようになりました。古代文明が世界中で同時多発的に興隆したのです。そして時代が経過するとリーダーの権力が増大して，数千年前から大きな構造物を建設するようになりました。たとえば，古代エジプト人は大小 100 基を超えるピラミッドをナイル河の西岸に建設しました。カイロ郊外のギザには三大ピラミッドが聳えています。

1.3 伝統セラミックス

火の利用

人類は旧石器時代に火を利用する技術を習得して世界各地に進出しました。焚火を継続することや，消炭を利用して火種を保存する技術を理解し，摩擦や火打ち石を利用して火を起こすことを発明したのです。火を使えるという効用は計り知れません。生では食べられない材料も火を通すことで食べ物になりますし，寄生虫や黴菌も駆除できます。生肉も燻製にすれば長期保存に耐えます。

それに加えて火があれば暖房ができます。本来は熱帯の動物であった人類が寒冷地に進出できたのも，火を囲んで家族の団欒が可能となったのも，火を使う技術を習得したからです。一般に野生生物は火を恐れるので肉食獣から身を守ることもできますし，草原に火を放って獲物の追い込み猟も可能となったのです。

土器の発明

農業が行われるようになって人々が集団生活をはじめた頃，世界各地で粘土を原料とする土器や土偶が発明されました。粘土細工で成形した器を乾燥して，500℃以上の温度に加熱すると土器ができます。土器によって水や穀物の保存が容易になりました。

土器と火の利用によって，人類は食物を，煮たり，茹でたり，蒸したり，炒めたり，焼いたり，燻したりできるようになりました。酒，酢，醤，魚醤などをつくる醸造も行われるようになって，人類は「調理」という新しい文化を創造したのです。

図 1.3.1 は，前述した上野原遺跡から出土した 9,500 年前につくられた，花瓶

図 1.3.1　上野原遺跡から出土した土器，鹿児島県立埋蔵文化財センター

のような形に特徴がある薄手の土器です。上野原遺跡は 6,300 年前の鬼界カルデラ大噴火で壊滅的な打撃を受けましたが，1,000 年も経過すると緑が回復して再び人々がもどってきました。

日本各地の遺跡で発掘された土器を最新の加速器質量分析装置で測定した結果，中東や中国などの土器よりもずっと古い土器が多数発見されています（48頁参照）。

適度の水を含む粘土は可塑性（plasticity）があって粘土細工ができます。粘土はプラスチックの語源なのです。成形した粘土を乾燥・焼成してつくる粘土セラミックスは天然セラミックスを真似して工夫・発明した最初の合成材料です。

古代社会のセラミック構造物

粘土の成形体は水を加えると元にもどってしまいますが，乾燥地帯では日干し煉瓦の建造物でも十分使用に耐えます。ほどなく，木製の枠に練土を入れてつくる規格化した煉瓦や，藁で補強した日干し煉瓦が考案されました。パキスタン モヘンジョダロ遺跡の日干し煉瓦でつくった構造物を図 1.3.2 左に示します。

中国の黄河文明が発生した地域は微細な粘土からなる黄土の大地です。版築は木材で型枠をつくって，その中に黄土を入れて石槌で突き固める工法で，黄土が乾くと煉瓦のように硬くなります。紀元前 221 年に中国を統一した秦の始皇帝は版築工法で万里の長城を築きました。中国 西域の玉門関には版築で築かれた大きな墻壁が遺っています（図 1.3.2 右）。なお，万里の長城に焼成煉瓦を積んだのは明代（1368-1644 年）のことです。

中東では，新アッシリア帝国時代には鉛釉を使った施釉煉瓦がつくられていました。新バビロニア王国の首都バビロンのイシュタール門と回廊は彩色した浮彫り煉瓦で美しく飾られていました（紀元前 605- 紀元前 538 年）。この遺跡は 1899 年に発掘されて，現在はドイツ ベルリンのペルガモン博物館に展示されています。

図 1.3.2 （左）モヘンジョダロの日干し煉瓦構造物の遺跡 （右）版築工法で築かれた中国 玉門関址の墻壁

物質の名前

この世の中には無数の物体が存在します。千差万別の形をとるそれらの物体はさまざまな物質で構成されています。同じ物質を表すのに，物質名，慣用名，俗名，岩石名，鉱物名，化学式，商品名などいろいろな表現が使われています。化学や地学を勉強したことがない人には苦痛でしょうが，何しろ古い歴史があるので仕方がありません。

それらの名前には漢語もあるし大和言葉もあります。横文字の名前も多いのですが，英語もあればドイツ語もフランス語もあります。ラテン語の系統もあるし，古代ギリシャ語系統の単語もあります。宗教に関係する言葉もありますし，錬金術の表現もあるのです。

セラミックスの用語

セラミックスは1万年以上の歴史をもつだけに，用語と概念そして定義は，国によっても，民族によっても，時代によっても，人によってもかなりの差があります。これは通俗書でも専門書の記述でも同じです。

英語の ceramics など「やきもの」を意味する欧州各国語は古代ギリシャ語に由来しています。古代ギリシャでは，陶工をケラメウス（Kerameus），陶工がつくる製品とその原料をケラモス（Keramos），陶工の住む町と陶器市場をケラメイコス（Kerameikos）と呼んいました。セラミックスに対応する日本漢語はまだありません。

英語でセラミックエンジンのように形容詞として使う場合はセラミックです。名詞の場合には事情が複雑です。英国では1930年のセラミック学会で検討して，単数でも複数でも ceramic でよいと決めました。しかし一般に，複数には ceramics が使われています。米国セラミック学会の用語集"Ceramic glossary, 1984"では，単数は ceramic，複数を ceramics と規定しています。日本語は単数と複数の区別が曖昧です。たとえば本の題名として，「〇〇セラミック」でも「〇〇セラミックス」でも間違いではありません。

中国で「陶」は土を捏て焼いた「やきもの」全般のことです。「瓷」や「磁」は堅く緻密に焼結した「やきもの」を意味しています。窯は「やきもの」を焼く炉のことで，窯は神聖な場所でした。陶器や瓷器（磁器）という言葉も使われました。

江戸時代には陶器という言葉が「やきもの」全体を表していました。西洋の科学・技術を導入する前の我が国では，伊万里・鍋島のように硬い「やきもの」を「石焼」，それ以外の軟らかい「やきもの」を「土焼」と区別したり，陶石を粉にしてつくる「やきもの」を「石もの」，粘土でつくる「やきもの」を「土もの」と区別する程度の分類しかありませんでした。

現在の我が国では，「陶器」と「陶磁器」と「陶磁」が「やきもの」の総称として，無秩序に使われています。「やきもの」全般を表すのに「瀬戸物」とか「唐津物」という言葉も昔から使われています。

天然原料からつくるセラミックスを総称して，伝統セラミックス（traditional ceramics），珪酸塩セラミックス（silicate ceramics），古典セラミックス（classic

文字の発明

現在のイラク チグリス川とユーフラテス川に挟まれたメソポタミア地方は粘土文明発祥の地です。シュメル人は紀元前4,000年頃からメソポタミア南部に進出して灌漑農作をはじめました。シュメル人は日干し煉瓦で世界最初の都市国家を築きました。シュメル人はビールを発明した最初の民族でもあります。

彼らは紀元前3,200年頃，人類最初の文字（ウルク古拙文字，絵文字）を発明しました。紀元前2,500年頃には約600文字からなるシュメル文字体系（表語文字と表音文字）が完成しました。葦を削ったペンを軟らかい粘土板に押しつけて書く楔形文字です。文字を使う人々，これこそ文明人です。

シュメル人はまもなくこの土地から姿を消しましたが，文字はいろいろの形で周辺民族に取り込まれて発展しました。文字の発明によって人類は，友人と連絡し，子弟を教育し，歴史や教典を記録し，文学を記述することを可能にしたのです。

日本漢語

明治の開国とともに横文字が氾濫しましたが，民衆は意味をよく理解できませんでした。福沢諭吉や西周などの洋学者が明治初期に西洋の学術用語を漢字の熟語に翻訳したことは，漢学の素養があった当時の人々に理解させるのに極めて有効でした。それらを「日本漢語」といいます。たとえば，文明，哲学，宗教，自由，司法，人権，理想，個人，主義，概念，客観，共和，共産，人民，思想，義務，民族，原則，現実，会話，計画，信用，方針，経験，新聞，心理，教育，演説，幹部，切手，交通，資本，金融，投資，場合，宇宙，進化，自然，科学，実験，物質，数学，工学，技術，鉄道，窯業，陶器，鉛筆，男性，女性，君，僕，彼女，〇〇的，〇〇論，〇〇性，〇〇式，〇〇化などなどです。

翻訳されたこれら学術用語の多くが，中国語に移植されて現在も使われています。中国の社会科学に関する語彙の60-70％は日本漢語だということです。中華人民共和国政府と書けば，中華以外は日本漢語です。

日本漢語のおかげで，我々は日本語だけで大学を卒業できます。開発途上国ではこのような環境は整備されていません。

ceramics）などと呼んでいます。天然原料からをつくるセラミックス産業を珪酸塩工業（silicate industry）とか，製陶業や陶業，そして窯業(ようぎょう)といいます。窯と業は中国古来の文字ですが，窯業は ceramic industry の訳語として明治20年（1887年）に考案された日本漢語です。無機材料とか無機材料工学という用語は昭和30年代から使われています。

なお中国語では，珪素を「硅」，珪酸塩を「硅酸塩」と書きます。

伝統セラミックスの定義

伝統セラミックスという用語には狭い意味と広い意味とがあります。

狭い意味でのセラミックスは「やきもの」すなわち「粘土セラミックス（clay ceramics）」のことで，これに異議を唱(とな)える人はいません。正確にいえば「非金属無機物質の粉体を成形し，乾燥し，焼成して得られる固体」が狭義のセラミックスです。縄文式土器，弥生式土器，埴輪(はにわ)，陶器，磁器，瓦，煉瓦(れんが)，タイル，土管，植木鉢，甕(かめ)，耐火物，碍子(がいし)，化学磁器（蒸発皿，坩堝(るつぼ)など），陶歯，博多人形，鉛筆の芯(しん)などがこれに該当(がいとう)します。

日米両国の定義では伝統セラミックスを広く解釈します（表1.3.1）。我が国の定義では，狭義のセラミックスに加えて，ガラス，ガラス繊維，無機繊維，琺瑯(ほうろう)，セメント，コンクリート，顔料，炭素製品，砥石(といし)，触媒担体(しょくばいたんたい)，宝石，単結晶，人工歯，人工骨など非常に広範囲(ほうかつ)の品物を包括しています。

これに対して欧州諸国では伝統セラミックスの範囲が狭いのです。日本やアメリカではガラスやセメントはセラミックスの一員ですが，欧州諸国は狭義の定義を採用しているので，ガラスやセメントはセラミックスとは別の無機材料だというのです。

日米の定義に「芸術」という単語が含まれていることも注意してください。金

表1.3.1　伝統セラミックスの定義（広義）

日　　本	主構成物質が無機・非金属である材料あるいは製品の製造および利用に関する技術と科学および芸術．
アメリカ	無機，非金属物質を原料とした製造に関する技術および芸術で，製造あるいは製造中に高温度（540℃以上）を受ける製品と材料．

明治初期の技術導入

明治4年(1871年),新政府は岩倉具視(ともみ)を全権大使とする大規模な使節団を米欧諸国に派遣しました。彼らは一年半をかけて世界を一周して,のべ12ヵ国のありとあらゆる施設や制度(軍事施設,艦船,兵器工場,政府機関,交通機関,郵便局,各種工場,刑務所,病院,学校,…)を見学・調査しました[*2]。この使節団には59名の技術研修生が随行していました。彼らは各地の施設に分散して数年間留学し,種々の技術を学んで帰国しました。

ワグネル(G.Wagener, 1830-1892年)は明治元年(1868年)に来日して,文明開化期の我が国で窯業の近代化にもっとも貢献した人物です。彼は数学の問題で学位を得たにもかかわらず,理工学の広い分野で西欧の最新技術を日本に紹介して指導的役割を果たしました。洋式の実業教育は,ワグネルの建議によって明治14年(1881年)に実現した東京職工学校(現在の東京工業大学)の開校ではじまりました。

窯業における先覚企業家としては,大倉孫兵衛・和親(かずちか)父子と森村市左衛門の功績は特に大きいものがあります。彼らは窯業の分野で日本を代表する企業群を創設して採算ベースに乗せたのです。すなわち,日本陶器合名会社(現㈱ノリタケカンパニーリミッテド)、東洋陶器㈱(現TOTO㈱)、伊奈製陶㈱(現㈱INAX)、日本碍子㈱(現日本ガイシ㈱)、日本特殊陶業㈱、大倉陶園㈱、各務クリスタル㈱などです。輸出を担当した森村組(現森村商事㈱)は,福沢諭吉の勧めで明治9年(1876年)に設立された日本最初の輸出商社です。なお,近代陶磁器産業発祥の地となった名古屋市則武の日本陶器工場跡地は「ノリタケの森」という展示施設に生まれ代わっています。

図1.3.3 ワグネル先生記念碑,東京工業大学

*2:久米邦武編,『特命全権大使米欧回覧実記』岩波文庫 青141-1-5,(1977年)

属やプラスチックの定義に「芸術」という文字はありません。

伝統セラミックス産業の生産統計

　伝統セラミックス産業の生産統計は年 8.5 兆円程度で，10 年たっても変化がない成熟産業です．その中で，セメントとコンクリートの生産額がおよそ 1/2，ガラスの生産額が 1/4 を占めています．

　食卓用陶磁器などの「やきもの産業」は多くの人手が必要ですから，発展途上国の追い上げに苦しんでいる斜陽産業の一つです．現在の日本では「やきもの産業」が窯業の中で占めている割合は大きくはありません．

1.4　先進セラミックス

ハイテク機器の進歩

　ハイテク機器たとえばスーパーコンピュータを用いる銀行の ATM，航空機・鉄道・交通機関の券売機や予約システム，天気予報，津波予知，人工衛星の制御などの技術がめざましく進歩しています．現在市販されている自動車・航空機・艦船・ロボットなどは，マイクロコンピュータ制御によるメカトロニクス (mechatronics) の塊です．情報のデジタル化は，デジカメ，小型撮影機，DVD，カーナビ，携帯電話など，機器小型化の流れを促進しています．これら機器の高級機の多くが日本製です．

　このようなハイテク機器の進歩に電子セラミック（エレセラ）部品が果たしている役割は非常に大きいのです．2006 年の段階で市販されている携帯電話には，300 個以上もの芥子粒よりも小さいセラミック部品がつめこまれているのです．それら部品の内訳は，7 割程度が積層セラミックコンデンサ，2 割近くがチップ抵抗，1 割ほどがチップインダクタ（積層および巻線）です．チップ (chip) は小片を意味しています．それに加えて，SAW フィルタ，水晶部品，半導体集積回路，トランジスタ，ダイオードなど，100 点以上もの小部品が組み込まれています．

　各種機器が小型化して，携帯可能な (mobile) 道具が普及してきました．まもなく「いつでも，何処でも，誰でも，必要な情報を利用できる」ユビキタス

時代が実現するでしょう。「時空自在」と訳されるユビキタス（ubiquitous）はラテン語の「偏在する」に由来しています。ubi は「何処に？」とか，「何時？」とかいう意味で，qui は「どんな」とか「何か」とかを意味しています。

新しいセラミックスの開発

　1940年代を過ぎると，伝統セラミックスとはまるで違うセラミックスが続々と出現して，それらを呼ぶ新しい名前がつぎつぎに現れました。初期の段階では特殊陶磁器とか特殊窯業品という術語が使われました。つぎにニューセラミックスすなわちニューセラが現れました。そして，テクニカルセラミックス，ハイテクセラミックス，近代セラミックス，ファインセラミックス，先進セラミックスなど，つぎつぎに新語ができました。しかしこれらは広報活動や研究費獲得などの目的で工夫された言葉で，内容に関係する言葉ではありません。ファインセラミックス（fine ceramics）は和製英語で，京セラ㈱創始者の稲盛和夫が最初に提唱したといわれています。

　その他にも新しいセラミックスを表す名称がいくつもあります。たとえば，酸化物セラミックス，炭化物セラミックス，アルミナセラミックス，ジルコニアセラミックス，炭素セラミックスなど，材質で呼ぶ場合もあります。ニューガラスと呼ばれる先進ガラス製品もいろいろあります。

　別の表現もあります。機能性セラミックスと構造用セラミックスという分類です。前者は電子セラミックスすなわちエレセラのことで，後者はエンジニアリングセラミックスすなわちエンセラを意味しています。生体セラミックスすなわちバイオセラミックスとか，光学セラミックスすなわちオプトセラミックスという言葉もよく使われます。超伝導セラミックスの発見は世間の話題をさらいました。この本ではこれらの新しいセラミックスを「先進セラミックス，advanced ceramics，high technology ceramics」と呼ぶことにします。

先進セラミックスの特徴

　先進セラミックスに共通する特徴を説明します。特に第1から第4が重要です。

第1の特徴は，伝統セラミックスの一般的な性質を備えていることです。すなわち，熱に強い，燃えない，錆ない，硬い，減らないなどの長所をもっています。欠点としては，機械的・熱的衝撃に弱く，後加工が難しいことなどです。これらの欠点をかなり改善した先進セラミックスが実現しています。「ファインセラミックスは伝統セラミックスと全く関係がない」という人もいますが，先進セラミックスもセラミックスの一員であることは確かです。

第2の特徴は，伝統セラミックスにはない別の機能（電気・磁気的特性，光学的特性，機械的・熱的特性，音響的特性，化学的・生化学的特性，…）を備えていることです。機能は役に立つものであれば何でも差し支えありません。

第3の特徴は，周期表上のすべての元素を対象とすることです。天然に存在しない新物質もいろいろ実用化されています。金属材料は金属元素を主体とする材料です。有機高分子材料は炭素，水素，酸素などを主体とする材料です。これに対して先進セラミックスはすべての元素を対象とする汎元素材料（pan-elemental materials）です。炭化物，窒化物，硼化物などなど，天然に存在しない材料もたくさんあります。

第4の特徴は，あらかじめ合成した高純度で組成が単純な原料を使うことです。

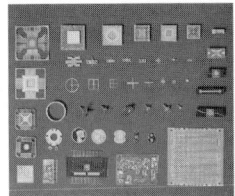
セラミックパッケージ

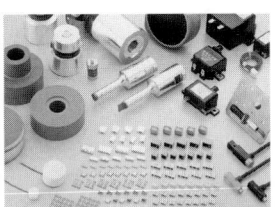
圧電セラミック部品

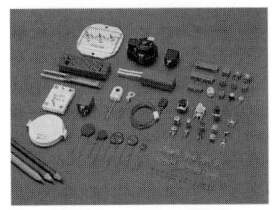
誘電セラミック部品

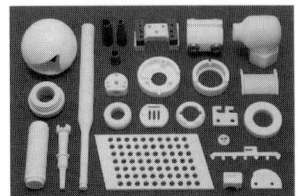
アルミナセラミック部品

図 1.4.1　先進セラミック部品のいろいろ

天然原料は複雑で品位が一定しないので，反応の制御が難しいからです。たとえばチタバリ($BaTiO_3$)コンデンサの原料には精製した$BaCO_3$とTiO_2を使用します。

第5の特徴は，多種多様なことです。高度な機能は何であっても構（かま）いませんし，製品の用途も千差万別で何の制限もありません（図1.4.1）。

第6の特徴は，高温，高圧，腐食（ふしょく）性雰囲気，強力な放射能など，苛酷（かこく）な条件下でも高度な特性を発揮できることです。

第7の特徴は，粘土の代わりに可塑（かそ）剤や結合剤などとして有機高分子物質を，焼結融剤として長石の代わりに少量の無機化合物を使用することです。

第8の特徴は，原料粉体を収縮を見込んで成形・焼成処理してつくることです。金属や高分子材料では素材を購入して機械加工するのが普通ですが，セラミック材料は後加工が非常に高くつくので，できるだけ製品に近い形状をつくるのが腕の見せ所です。

第9の特徴は，工業製品としての高度の規格が要求されることで，材質と物性が常に均一で，機械的な寸法精度が要求されます。

第10の特徴は，製造方法にこだわらないことです。原料粉末の焼結法の他，あらゆる手段を検討して，最適の手段が採用されます。

小型化の手段

機器の小型化には五つの流れがあります。第1が部品の小型化，第2が部品点数の削減，第3が集積度の向上，第4が複合化，第5が実装密度の向上です。

一昔前の抵抗やコンデンサにはリード線がついていて基板にハンダ付けしていましたが，当節は規格化されたマイクロチップ（microchip）部品が多くなりました。チップ部品の外形寸法は，過去20年間に3216型（3.2mm×1.6mm）から0603型（0.6mm×0.3mm×0.3mm）へと小型化しました。2003年からは0402型（0.4mm×0.2mm×0.2mm）の量産がはじまりました。これらはバケツ一杯に1,000万個が入って価格が500万円から1億円くらいという製品です。

小型化の流れは止まるところを知りません。薄膜技術の進歩は機能性部品やデバイスの小型化と集積度の増加に拍車（はくしゃ）をかけています。半導体電子部品やハイブリッド部品の集積度の向上が要求されて，ナノテクノロジーの進歩が究極の小型

化に弾みをつけています。

　道具の小型化とすべてを凝縮する技はこの国の伝統で，形や大きさが違う多種類の部品を小さな空間につめこむ実装技術は日本企業の得意技です。それができない「つまらない」企業はこの世界では生きてはいけません。

　携帯電子機器には小型化についての限りない要求があります。これを満足させるのがエレセラ部品で，絶縁性，導電性，誘電性，圧電性，焦電性，軟磁性，硬磁性，各種センサ特性など，電磁気に関連するいろいろな特性を利用しています。それらを細かく分類すると無数といってもよいほどです。たとえば積層チップコンデンサでいえば，電気容量，耐電圧，温度特性，使用温度範囲，外形，寸法など，多種多様な製品を取り揃えなければ商売になりません。

　エレセラ部品には非常に高い信頼性が要求されます。ppm（parts per million）すなわち100万個に1個の不良品も許されないのが当然の世界です。

　エレセラ部品をつくるのが難しい例を説明しましょう。微小な部品は全数が均質でなければ不合格です。NTCサーミスタは数種類の遷移金属酸化物の混合物を焼結してつくりますが，それらを均一に混合するのは大変な技術です。具体的な混合方法は各社が秘密にしているノウハウ（know-how）です。ノウハウの一つ一つは小さな工夫に過ぎませんが，ノウハウの積み重ねが技術の優劣を決定するのです。

　エレセラ部品は焼成してつくるので，製品を調べても生素地の状態や製造条件を知ることができません。したがってブラックボックス化が容易な業種です。

　エレセラの商品寿命は生鮮食品並に短いのです。デジタル家電の進歩でこれに拍車がかかりました。企画，設計，試作，量産の各段階で最大限のスピードが要求されます。新製品をつぎつぎに開発しなければ業界に生き残ることができない忙しい業種です。それに加えてエレセラ部品は膨大な数量を量産する必要があります。多種多数生産で商品寿命が短いことはメーカーにとって大きな負担です。

　芥子粒のように小さな製品を量産するには，ベルトコンベアに工具を並べてという製造工程では無理です。全自動製造ラインと検査設備，そして完璧な品質管理システムを構築する必要があります。しかも一つの生産ラインで多種類の製品を混流生産することが競争力の向上につながるのです。絶対に壊れない機械は実現不可能ですから，まめに点検，修理，整備して製造ラインを良好な状態に維持できないようではメーカーとしての資格はないのです。

日本企業の実力

　先進セラミックスは数十年の歴史があるに過ぎませんが，伝統陶磁器産業をはるかに凌駕(りょうが)して発展しています。先進セラミックスの売上高は，1988 年が約 1 兆円，1998 年が約 1,8 兆円，2005 年が約 2,0 兆円と急速に増えています。

　先進セラミック部品では日本企業が圧倒的な力をもっています。日本企業の先進セラミック部品がなければ，世界中の各種デジタル電子機器はつくれませんし，欧米諸国の軍需産業も，宇宙航空産業も製品をつくることができないというのが現実の姿です。それにしては関係者の発信力が小さいのはなぜでしょうか？

　日本には，TDK ㈱，京セラ㈱，㈱村田製作所をはじめとして，小企業まで含めれば百社を超える先進セラミック部品の製造企業があります。このような企業群は，欧米にも，中国にも，NIES 諸国にも例がありません。

　先進セラミック部品のような地味な仕事は，天才的な科学・技術者には向いていません。真面目で有能な多数の技術者と技能者，管理者など全員が協力しなければ実現できない日本人向きの仕事なのです。

セラミックスの専門教育

　セラミックス工学は欧米の先進国でも日本でも人気がありません。ノーベル賞を狙(ねら)えるような仕事ではないからです。日本中の大学では工学部に伝統セラミックスの研究者が皆無になりました。大学や国立研究機関にあった伝統セラミックスの研究室はすべて先進セラミックスに転進しました。現在では無機材料工学科が設置されている大学は東京工業大学だけです。材料工学に関係する諸学科で，セラミックスを専門にしている研究室の数も多くはありません。

　ご参考までに紹介するデータでは，1999 年の中国ではセラミックス工学科がある大学が 55 校あって，毎年の卒業生が 2,200 名でした。大学院の学生数については集計がないそうです。韓国でもセラミックス工学科のある大学が 14 校もあります。現在では圧倒的に強い日本企業の先進セラミックスは 20 年先にはどうなっているでしょうか。

天然セラミックス

2.1 地球の歴史

地球の断面

現在の地球断面は卵の断面に似ていて,卵殻に相当する地殻(crust),白身にあたるマントル(外套部,mantle),そして黄身にあたる核(芯,core)で構成されています。地殻の平均の厚さは大陸では30km,海洋では5-10km程度で,地球の半径(6,370km)に比べて非常に薄いものです(図2.1.1)。

地殻を構成している主な元素は,酸素,珪素,マグネシウム,鉄,アルミニウム,カルシウム,ナトリウム,カリウムの8元素で,これだけで地殻の98.5%を占めています。

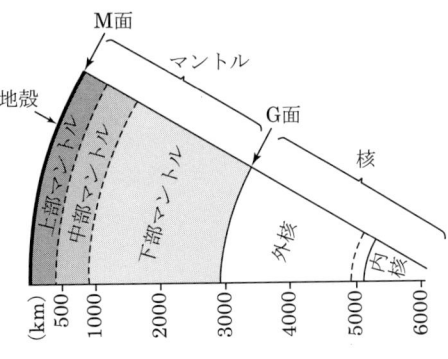

図2.1.1 地球の断面

地殻の岩石を構成している主要な鉱物（造岩鉱物）は，石英，斜長石，カリウム長石，黒雲母，白雲母，角閃石，輝石，橄欖石，方解石など十数種類の珪酸塩化合物を主とする鉱物です。その中でもっとも多い鉱物は長石で，長石のほとんどは固溶体です。珪酸塩構造では SiO_4 四面体を基本単位として，四面体の頂点にある酸素イオンを共有しています。これらの構造では球の充填を基本とする考え方は通用しません。

大陸地殻の上部は主に花崗岩（granite）質の岩石でできていて，花崗岩と片麻岩が地表の岩石の 3/4 を占めています。花崗岩は密度が $2.7\,g/cm^3$ 程度の酸性火山岩で，SiO_2 を 70％程度含む白っぽい岩石です。大陸地殻の下部は玄武岩（basalt）質のマグマ（岩漿，magma）がゆっくり冷えてできた斑糲岩です。玄武岩や斑糲岩は密度が $3.0\,g/cm^3$ 程度の塩基性火山岩で，SiO_2 を 40-50％含む黒い岩石です。海洋地殻は斑糲岩でできていて，花崗岩質の岩石は存在しません。

地殻の表面には海があって大陸が顔を出しています。海水の総量は地球の質量の 0.02％にもなりませんが，海は地球表面の 70％を占めています。海水は約 3.45％の塩分を含んでいます。生命は海の中で生まれて進化したので，人体に含まれている元素は海水の組成とかなり似ています。海水の大きな流れ（海流と深層流）が地球の気象に大きく影響しています。地球が水の惑星と呼ばれる理由は，地表に液体の水すなわち海が存在するからです。

地殻の下にはマントルが存在します。マントルの深さは約 2,900 km で，密度は $3-6\,g/cm^3$，温度は 400-1500℃です。マントルを構成している主な元素は，酸素，珪素，マグネシウム，鉄の四つで，地殻に比べてマグネシウムが多いのが特徴です。

マントルは 400-670 km の中部マントルを挟んで，上部マントルと下部マントルに区分できます。上部マントルの主成分は橄欖岩質で，それを構成している主な構成鉱物はマグネシウム橄欖石，マグネシウム輝石および柘榴石です。下部マントルの主成分鉱物は，より密度が大きい高圧相の結晶です。

核は比重が大きい鉄（Fe）とニッケル（Ni）の合金でできていると考えられています。

天地創造

　宇宙の歴史は約 137 億年前のビッグバン（big bang）ではじまりました。それ以前はありません。誕生した宇宙は，その瞬間から急激に膨張し急速に冷却しました。時間の経過とともに宇宙空間は拡大して，物質の形態が変化しました。水素やヘリウムの原子核と電子がバラバラに存在するプラズマ宇宙を経て，原子という物質が生まれました。

　宇宙が冷え続けると，星間雲のあちこちにガスの濃い部分が生じて自重で周囲のガスを集めて成長しました。ガスの塊が大きくなると自重を支えきれなくなって収縮がはじまります。その結果，原始星が誕生してその表面が数千℃になって光り輝きます。原始星の中心部が 1,000 万℃を超えると，水素の核融合反応がはじまって膨大なエネルギーを放出します。恒星（fixed star）の誕生です。

地球の誕生と成長

　銀河系の辺境に位置する我々の太陽が誕生したのは，やっと約 46 億年前のことでした。我々の太陽が生まれたころ，その周囲には無数の小天体が存在していました。そしてそれらが衝突を重ねて現在の惑星（planet）が形成されました。

　誕生してから数億年間の原始地球には巨大な隕石が繰り返し衝突しました。それによる発熱と，重力収縮による発熱と，放射性同位元素が放出する熱で，当時の地球は火の玉状態になったと推定されます。「火の玉惑星」には，水蒸気（H_2O）を主成分とする高温の原始大気と，熔けたマグマの海だけがありました。つぎにマグマの海で比重が大きい鉄とニッケルの合金が分離して中心に沈み込んで，マントルと核の二層構造ができました。

　マグマがもう少し冷えると，橄欖石や輝石など比重の大きい鉱物が結晶化してマグマの海の底に沈みました。最後に結晶化したのが比重の軽い斜長石で，マグマの海に浮き上がって原始地殻を形成しました。

　高温の原始大気が冷えると，水蒸気が豪雨となって降り注いで原始の海洋を形成しました。大部分の水蒸気がなくなると大気の主成分は一酸化炭素（CO）になりますが，水蒸気が分解してできる酸素（O_2）によって酸化されて二酸化炭

素（CO_2）を主成分とする大気へと変化しました。「火の玉惑星」から「水の惑星」への進化です。地球上で測定されている最古の岩石は，カナダ西北部の大陸を構成している火成岩で 40.3 億年前と報告されています。当時の大気は，窒素（N_2）と二酸化炭素と水蒸気が主成分で，酸素は存在しなかったのです。

生命の誕生と進化

　こうして海と大陸をもつ地球システムが誕生したのです。大陸が誕生する前の海水は酸性が強かったので，CO_2 は海水に溶解できなかったのですが，大陸が誕生すると降った雨が岩石を溶解して，アルカリ元素やアルカリ土類元素を海へと運びました。これによって海水が中和され，CO_2 が海水に溶け込むことが可能になって，大気中の CO_2 の濃度が激減しました。海水に溶け込んだ CO_2 の濃度が濃くなると，炭酸カルシウムとなって沈殿しました。

　地表に海と大陸が生まれると環境が安定しました。35 億年くらい前のことですが，海中おそらくは海底の熱水噴出孔付近で最初の原始的生命 シアノバクテリアが誕生しました。

　地球には何回ものカタストロフィー（破局，catastrophe）が訪れました。古代ギリシャ語を語源とするこの言葉は，予知できない破滅的な災害を意味しています。地球を襲ったカタストロフィーには，全球凍結，全海蒸発，スーパープルーム（24 頁参照），巨大隕石の衝突などがあります。

　26 億年前には，地球全体が 1,000 m の厚さの氷に覆われるという全球凍結現象が起こって，これが数百万年も続いてほとんどの生命体が死滅しましたが，微生物たちは火山や温泉の周囲でしぶとく生き残りました。全球凍結は 7 億年前にも起こりましたが，やがて空気中の二酸化炭素が増加すると全球凍結が消滅して海がよみがえりました。

　巨大隕石の激突などによって海が沸騰・蒸発する全海蒸発は 8 回もあったということです。アメリカの核廃棄物貯蔵施設があるアリゾナの地下 1,000 m の岩塩層は 2.5 億年前の全海蒸発によって形成されたそうですが，そこで採掘した岩塩の中に閉じこめられていた微小な水滴を培養した結果，なんと古代の微生物が生き返ったとのことです。たびたびの破局で大型生命体は絶滅を繰り返しましたが，

微生物は決して全滅することなく現在まで生き延びています。

　地球上のすべての生命を分子生物学的な手法で分類すると，原核生物（真正細菌と古細菌）と真核生物に大別できます。原核生物は大きさが数 μm 程度の単細胞生物で，細胞の中で染色体がむき出しの状態にあります。大気中の酸素濃度が20％に上昇すると，細胞内の遺伝子を核膜で包んで保護する真核生物が現れました。植物が葉緑素を使って活発に光合成を行えるようになると，太陽の放射エネルギーを効率よく利用する「生物圏」が生まれました。動物はコラーゲンを合成して大型生物へと歩みはじめました。

　原生代の先カンブリア時代は海生無脊椎動物の時代で，8 億年前にはクラゲなどの腔腸動物や海綿動物が現れました。古生代になると生物が多様化しました。カンブリア紀とオルドビス紀は菌類と藻類の時代で，三葉虫が活躍した時代でした。カンブリア紀には有孔虫，放散虫，原始的な珊瑚類，腕足類，軟体動物などが生まれて，アノマロカリスやハルキゲニアなど，化け物のような大型生物（バージェス動物群）が活躍しました。オルドビス紀には魚類が出現して鸚鵡貝と甲骨魚が発達しました。大気中の酸素が増加すると大気の上層にオゾン層が形成されて，紫外線の吸収が著しくなって地上でも生命が維持できるようになりました。

　4.2 億年前のシルル紀ではアジアの古い大陸の大部分は現在のオーストラリア近辺にありました。シルル紀には植物が地上に進出し，海では珊瑚類が繁栄し，サソリ類と昆虫が出現しました。デボン紀には羊歯植物が出現し，昆虫が大発生して両生類が地上に進出し，脊椎動物の魚類が繁栄しました。石炭紀には爬虫類が出現して羊歯植物が繁栄しました。海中ではアンモナイトが繁栄しました。

　2.6 億年前の二畳紀(ペルム紀)には羊歯植物が衰退して落葉樹が繁栄しました。三葉虫が絶滅して紡錘虫と爬虫類が活躍しました。干上がった浅海や沼地では肺魚や指をもつ魚や両生類が生まれました。2.5 億年前に起きた大量絶滅事件では，当時の海洋生物種の 80％が絶滅しましたが，その原因としてスーパープルームが考えられています。

　中生代は裸子植物と爬虫類の時代でした。三畳紀（トリアス紀）には恐竜とアンモナイトが大発生しました。ジュラ紀には，蘇鉄や銀杏類が繁栄して被子植物が出現し，恐竜が多様化して巨大恐竜が活躍しました。爬虫類は気嚢システムを発達させて鳥類へと進化しました。爬虫類のキノドンは横隔膜が発達し，胎

プレートテクトニクスとプルームテクトニクス

　1950年代になって海底探査技術や古地磁気学が進歩して海洋底の精密な観測が行われた結果，太平洋や大西洋などの海洋底には中央海嶺と呼ばれる大火山脈が延々と連なっていることが明らかになりました。中央海嶺の山頂からは玄武岩質の熔岩がたえず湧き出していて，海底は年間3-10cmという遅い速度で拡大して海洋プレートが形成されることも確実になりました。地球の表面は十数枚の巨大なプレート（岩盤，plate）で構成されていて，それらが年に数cm程度の速度で移動していることもわかりました。長い時間軸では「大地はたえず動いている」というのは実証された事実です。

　1970年に提唱されたプレートテクトニクス理論（platetectonics theory）を使うと，マグマの発生，火山現象，地震，津波，造山運動，変成作用，地上の物質循環など，さまざまな地球的現象を統一的に説明できます。テクトニクスは地球の構造を研究する学問を意味しています。

　この理論では地殻が十数枚の巨大なプレートでできていると考えます。地表から100-150kmの上部マントルには，熔けかけで軟らかいリソスフェア（岩流圏，lisosfair）と呼ぶ層があります。リソスフェアの上にある固いマントル部分と地殻を合わせた，アセノスフェア（岩石圏，asenosfair）と呼ぶ硬いプレートが，リソスフェアの上をゆっくりと移動すると考えるのです。

　日本列島は四つのプレート（ユーラシアプレート，太平洋プレート，フィリッピン海プレート，北アメリカプレート）に囲まれた地震多発地帯です。玄武岩質の海洋プレートは花崗岩質の大陸プレートに比べて密度が大きいので，両者が衝突すると海洋プレートが大陸プレートの下に斜めに沈み込みます。そして歪みが貯まった大地が耐えきれなくなると，突然エネルギーが放出されて大地震が起きます。震源が海洋であれば大津波が起きます。

　1990年代になって，地球内部における地震波速度の不均質性をマッピングする地震波トモグラフィー（断層撮影，tomography）が発達しました。これは医療におけるX線断層撮影に相当する技術で，岩石が軟らかいと地震波の速度が遅くなることから，深さ2,900kmに達するマントル内部における岩石温度の分布図を作成できます。

　プルームテクトニクス（plume techtonics）は，マントル内の大規模な対流運動を研究する学問です。日本列島の地下には冷たい物質の塊（コールドプルーム）が存在しますが，これは沈み込んだプレートの残骸です。対照的に，南太平洋やアフリカの下には熱い物質の上昇（ホットプルーム）があります。なお，生物種の絶滅に関係する巨大なホットプルームをスーパープルームといいます。

生と胎盤と授乳システムを完成して原始哺乳類が誕生しました。白亜紀の末期には，恐竜やアンモナイトをはじめとして全生物種の70％が絶滅しました。その原因は6,500万年前に巨大な（直径：10km）隕石が中米のユカタン半島に衝突したという説が有力です。中生代白亜紀と新生代第三紀との境界には薄い粘土層が存在しています（K/T境界粘土層）。イリジウム（Ir）は地上の岩石には微量しか含まれていませんが，隕石には多量に存在します。世界的に調査が行われた結果，この粘土層には多量のイリジウムを含んでいることが分かったのです。この巨大隕石の威力は10万発の原爆に相当するそうです。

　新生代の第三紀を迎えると被子植物と哺乳類が急速に発達しました。哺乳動物が大型化して類人猿と人類の共通の祖先も現れました。第三紀の後半には地球の寒冷化が進んで地上に大草原が現れました。第四紀になると南極大陸が分離して地球温度が降下し大氷河時代を迎えました。この時代にはナウマン象やマンモスも活躍していました。氷河時代は数十万年にわたって数回繰り返されました。

　人類は洪積世（200万-2万年前）に大発展をとげました。この時代に堆積した土砂でできた地盤（洪積層）は旧石器時代に相当に相当する地層です。現世人類が大活躍をはじめた，約2万年前の新石器時代以降に堆積した地盤を沖積層と呼びます。

炭素と水の地球的循環

　炭酸カルシウム（calcium carbonate，$CaCO_3$）の多形には方解石（カルサイト，calcite）と霰石（アラゴナイト，aragonite）が存在しますが，前者の方が化学的に安定です。貝殻や鳥の卵殻の主成分は炭酸カルシウムです。珊瑚は炭酸カルシウムを骨格とする小動物の集合体です。動物の骨や歯の主成分は燐酸カルシウムで，蛋白質と複合した複雑な組織をもっています。動物が死滅して堆積すると多くは炭酸カルシウムに変化します。

　石灰岩（石灰石，lime stone）は炭酸カルシウムを主成分とする堆積岩です。太古の海で数百mもの厚さに堆積した炭酸カルシウムは海洋プレートに載って大移動しました。海洋プレートが大陸プレートに衝突すると，堆積した物質の一部を大陸の縁に付加して，大陸プレートの下に沈み込みます。付加した堆積物が

隆起してできた石灰岩は陸地の約10％を占めています。

炭酸カルシウムは弱酸にも容易に溶解します。二酸化炭素が雨に溶解すると弱酸性の炭酸水素イオン（HCO_3^-）になります。この雨水が石灰岩層を流れると溶解度の大きい炭酸水素カルシウム（$Ca(HCO_3)_2$）となって溶出します。そして，再沈殿と溶出を繰り返して鍾乳洞が形成されました。加熱されて大気を上昇した水蒸気は凝縮して雲をつくり，雨となって再び地表に降り注ぎます。炭素と水は地球化学的に大規模に循環しているのです。

$$CaCO_3 + H_2O + CO_2 \rightleftarrows Ca(HCO_3)_2 \quad\quad (式 2.1.1)$$

炭酸カルシウムの一部は大陸地殻の下に沈み込んで，地下深くで高温に加熱されて炭酸カルシウムがシリカと反応して珪灰石（$CaSiO_3$）をつくります。この反応によって二酸化炭素が放出され火山ガスとなって再び大気中にもどるのです。

$$CaCO_3 + SiO_2 \rightarrow CaSiO_3 + CO_2 \quad\quad (式 2.1.2)$$

現在の地球の地表付近における大気の成分は，窒素ガス（N_2）が78.08％，酸素ガス（O_2）が20.95％，アルゴンガス（Ar）が0.93％，二酸化炭素（CO_2）が0.035％を占めています。大気中の水蒸気（H_2O）の量は場所と時刻によって0.1-3％とまちまちです。大気中の二酸化炭素は温室効果ガスで，太陽から入ってきたエネルギーが宇宙に逃げるのを妨げる役割を果たしています。

岩石と鉱物

「岩石・鉱物」と一口にいいますが，「岩石」と「鉱物」では意味が全く違います。岩石は複数の鉱物から構成されている不均質な物質ですが，鉱物は均質な物質です。岩石と鉱物をまとめて「石（stone）」と呼びます。

岩石（rock）は，地殻の中で高温と高圧そして永遠の時間をかけて自然がつくりだした立派な天然セラミックスです。地上に存在する岩石は多種多様で，細かく分類すると無数といってもよいくらい種類が多いのです。この世の中には全く同じ岩石は二つと存在しません。

地殻を構成している多種多様な岩石は，火成岩，堆積岩，そして変成岩の三

つに大別できます。地殻の 95％以上は火成岩と変成岩とで構成されていますが，大陸地殻と海洋地殻の最上部で多いのは堆積物と堆積岩です。

　岩石の定義は「一種類ないし数種類の鉱物からなる不均質な集合体」です。たとえば，石灰岩や大理石は炭酸カルシウムの小さな結晶の集合体です。花崗岩は，石英，長石，雲母など，組成も構造も違う小さな鉱物結晶の集合体です。花崗岩の外観は産地によって著しく異なるのですが，これはそれぞれの鉱物の種類，組成，比率，粒径などが，産地ごとに差があるからです。

　鉱物（mineral）は岩石の構成単位です。鉱物の定義は「物理的・化学的に均質で一定の化学式をもつ結晶質の固体で，生物が関係することなく自然界で生成した無機物質」です。しかしこの定義には例外があるので厳密に考える必要はありません。鉱物の多くは結晶ですが，非晶質や有機物の鉱物もあります。生物が関係する鉱物もあります。国際鉱物命名委員会は 2,500 種類以上の鉱物を認定しています。そして毎年数十種類の新鉱物が発見されています。

結晶と結晶状態

　固体の物質は，非晶質（noncrystalline）と結晶質（crystalline）とに大別されます。非晶質固体の代表であるガラス（glass）は原子配列に規則性がありません。

　これに対して結晶（crystal）の中では，原子やイオン，あるいは分子が規則正しく三次元的に配列しています。この規則性は結晶の外形にも反映して，発達した結晶の表面はいくつかの平面で囲まれています。結晶を槌で破砕して得られる破片はどれをとっても結晶の特性が失われていません。結晶は非常に細かいものから大きく発達したものまでさまざまです。大きく発達した結晶を単結晶（single crystal），細かい結晶の集合体を多結晶（polycrystal）といいます。多結晶では小さな結晶と結晶の間に粒界（grain boundary）が存在します。セラミック材料の多くが多結晶質です。

28　第 2 章　天然セラミックス

地球深部探査船

　最新鋭のライザー掘削方式と自動船位保持装置を採用した世界最大 57,087 ton の地球深部探査船「ちきゅう」が 2005 年に竣工して，独立行政法人 海洋研究開発機構に引き渡されました。「ちきゅう」は，船底から油井櫓（derrick）までの高さが 130 m で 32 階建てのビルに匹敵するので，世界中のどこの橋もくぐることができません。

　「ちきゅう」は約 1,000 本のパイプをつないで深海底から 7,000 m 下のマントルまで掘削可能です。これまでの掘削記録は米国の探査船による海底下 2,111 m でした。

　掘削方法は最新の石油掘削と同じライザー管方式で，船底と海底を外径：53 cm のライザー（riser）管で結び，その中に直径：13-14 cm の掘削パイプを通して先端にドリルを取り付けて掘削します。泥水を掘削パイプでドリル先端に送ってライザー管で回収します。泥水は硫酸バリウムを混ぜて比重を大きくしてあります。回収した泥水にはプランクトンや微生物，そして岩石の屑が含まれているので分離して研究します。船内には各種測定機器を装備した 4 階建て総面積：2,300 m^2 の研究所があって，24 時間操業します。

　国際プロジェクト「統合国際深海掘削計画,IODP」が進んでいます。「ちきゅう」は，マグニチュード 8 クラスの大地震の発生が予想されている南海トラフを研究するため，2007 年 9 月，和歌山県新宮港を出発しました。掘削場所は新宮港から 100 km 南の熊野灘で，フィリピン海プレートが毎年 4 cm ずつ沈み込んでいるところです。十数カ所の海底下数百 m ないし 6,000 m 掘削して，採掘した岩石を研究します。掘削孔の底には地震計や圧力計を設置して長期観測し，巨大地震の謎を解明します。

　超高速スーパーコンピュータ「地球シミュレータ」が海洋研究開発機構に設置されて（2002 年），地球上の長期天気予報や地球温暖化予測が可能になりつつあります。

提供　海洋研究開発機構（JAMSTEC）

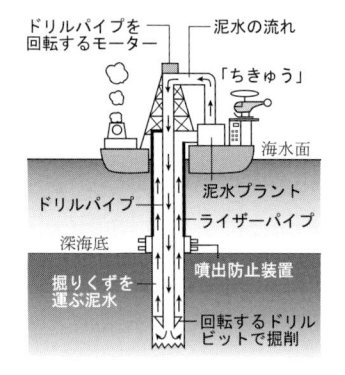

図 2.1.2　（左）地球深部探査船「ちきゅう」の外観　（右）「ちきゅう」の掘削方式

火 成 岩

　プレートの衝突，地殻変動，隕石の衝突などの原因で，上部マントルで橄欖岩質の岩石が部分熔融すると，マグネシウム成分がかなり少ない玄武岩質マグマができます。玄武岩質マグマは周囲の岩石より軽いので，上昇して地表近くにマグマ溜りをつくって火山活動によって時々噴出します。玄武岩質マグマが固化してできた岩石を火成岩（igneous rock）といいます。

　火成岩は，火山岩，半深成岩，そして深成岩に分類されます。火山岩には，玄武岩，安山岩，流紋岩などが，半深成岩には，輝緑岩，貧岩，石英斑岩などが，深成岩には，橄欖岩，斑糲岩，閃緑岩，花崗岩などがあります。日本列島の火山の多くは第四紀と呼ばれる新しい地質時代に噴出したもので，活動中の火山も含まれています。

　速く固化した火山岩は結晶の粒度が細かく，ゆっくり固まった深成岩の粒度は粗です。マグマが急冷されてできる火山岩には，ガラス質岩石，熔岩（溶岩），軽石，火山灰などがあります。

　玄武岩質マグマが地殻の弱いところを通って短時間で地上や海底に噴出すると「玄武岩」になります。地下でゆっくり冷えると「斑糲岩」になります。

　マグマの上昇速度が遅かったり，ゆっくり冷える場合には，析出する結晶の組成はマグマの組成と違うのが普通で，残った液体の組成も徐々に変化します。これを結晶分化作用（crystallization differentiation）と呼んでいます。分化作用によって，安山岩，閃緑岩，流紋岩，花崗岩など，多様な火山岩が生成します。

堆 積 岩

　地表の岩石は気温の変化とともに膨張と収縮を繰り返してひび割れが生じます。岩の隙間に水が侵入して凍結すると亀裂が生じて，そこに植物が根を張って隙間が拡大します。岩塊が洪水で流されると破砕されて次第に小さくなります。水による化学的風化作用も著しいのです。たとえば，花崗岩中の長石は CO_2 ガスを溶した微酸性の水によって徐々にアルカリ成分が溶出して，後にカオリンが残ります。花崗岩中の黒雲母は，水に溶けている酸素によって酸化されてコロイ

ド状の酸化鉄に変わります。花崗岩中の石英は，白い砂粒として最後まで残ります。川を流れた水はついには海に達します。海水は太陽光線で加熱されて蒸発し，雨となって再び陸地に降り注ぎます。これが何億年も繰り返されて海水の塩分は3.45％に上昇しました。

　川や海に流れた岩石の破片や土砂などは水底に厚く堆積します。国際土壌学会は地表の堆積土砂を粒径によって分類しています。すなわち，直径が2mm以上の粒子を礫（gravel），以下一桁小さくなるごとに，粗砂（sand），細砂（sand），シルト（微砂，沈泥，silt），そして2μm以下の粒子を粘土（clay）と定義しています。シルトと粘土をあわせて泥（mud）と呼んでいます。

　厚く堆積した土砂は長い時間が経過すると密に固結して，ついには岩石になります。これが堆積岩（水成岩，sedimentary rock）です。堆積岩は，砕屑岩，火山砕屑岩，生物岩，化学岩などに分類されます。礫が固結した岩石を礫岩，砂が固結した岩石を砂岩，シルトが固結した岩石をシルト岩，粘土が固結した岩石を粘土岩，泥が堆積して固結した岩石を泥岩と呼んでいます。

　万葉人は「君が代は千代に八千代にさざれ石の巌となりて苔のむすまで」と歌いました。鹿児島の霧島神宮には岐阜県揖斐郡春日村産の「さざれ石」が奉納されています。この石灰質角礫岩は，石灰岩が炭酸ガスを含む雨水に溶解されて地下に流れて，それが結晶化する際に小石を結合してできた岩石です。

変 成 岩

　地殻にはさまざまな変動が起こります。変成岩（metamorphic rock）は，火成岩や堆積岩がそれらが生じた圧力・温度条件と違う環境に長期間置かれたときに生成する岩石です。変成岩の造岩鉱物は多種多様で，それらの多くは固溶体です。

　変成作用には，広域変成作用と接触変成作用とがあります。広域変成作用は，激しい褶曲や大きな断層を伴う造山活動が活発になると，地殻に高圧・高温の場所ができて起こる作用です。その温度は100-800℃で，圧力は場所によってさまざまです。広域変成作用は，温度と圧力の違いで，生成する鉱物の種類と組み合わせが変わります。広域変成作用はときに数百kmもの広範囲で起きます。

　泥岩を起源とする変成岩は次式のように変成作用が進行して，板状節理が発達

し，剥離(劈開)性が増加します。

$$泥岩 \to 頁岩 \to 粘板岩 \to 千枚岩 \to 結晶片岩 \to 片麻岩 \quad (式\ 2.1.3)$$

　頁岩(泥板岩,shale)は軟らかで薄く剥がしやすい岩石です。粘板岩(スレート，slate)は非常に細かい粒子が堆積し，地質学的時間が経過してできた劈開しやすい岩石です。結晶片岩(片岩，schist)は低温・高圧型の広域変成岩で，片理がよく発達していて板状に剥がれやすい岩石です。海洋プレートが大陸プレートに沈み込むところでは，海洋底の玄武岩や堆積岩が冷たいまま引き込まれて結晶片岩をつくります。片麻岩(gneiss)は縞模様があって板状に剥がれにくい岩石で，大陸の地中深くでだけ生成します。

　接触変成作用は，火山活動で上昇したマグマが岩石に貫入したときに起きる熱変成作用です。変成帯の幅はせいぜい 1 km 以下で，広域変成作用に比べて規模が小さいのが特徴です。

2.2　石材の利用

古代ローマにおけるインフラ整備

　古代ローマ人はインフラ(社会基盤，infrastracture)整備の元祖です。彼らは版図の各地で無数の大型構造物を建設しました。道路，橋，広場，神殿，上水道，下水道，公会堂，劇場，競技場，円形闘技場，公共浴場，港湾施設などです。

　特筆に値することは，これらインフラの大部分が紀元前後から 3 世紀頃までに建造されたことです。相当数のそれら構造物が 2,000 年の風雪に耐えて現在まで遺っていることは驚異です。

　古代ローマ人は非常に現実的な人たちで，利用できる材料を適材適所で採用していました。焼成煉瓦は石材よりも安かったので，建物の骨格は木材と煉瓦でつくることが多かったようです。加工しやすい凝灰岩は建築材料として大量に使われました。

　広大なローマ帝国のパクス・ロマーナ(Pax Romana，ローマによる平和)は舗装された道路網が血管の役目を果たしていました。彼らが「すべての道はローマに通ず」と豪語した道路の断面構造を図 2.2.1 に示します。

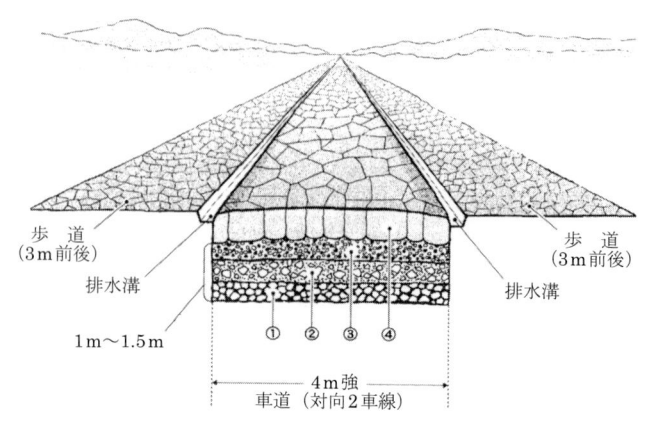

図 2.2.1 ローマ街道の断面の基本構造
塩野七生 著，『すべての道はローマに通ず ローマ人の物語 X』新潮社，(2001)，p.37，
ローマ街道の基本形（作画 峰村勝子）

　古代ローマの標準的な幹線道路は 4 m の車道の両側に排水溝と 3m 幅の歩道を設けた構造で，排水溝は市街地では暗渠でした。車道の断面は四層構造になっていました。①は最下層で，地表から 1-1.5 m 掘り下げて砂利を敷きつめました。②は第 2 層で，石と砂利と粘土を混ぜて敷きつめました。③は第 3 層で，人為的に破砕した小ぶりの砕石を詰めこんだ層です。第 2 層と第 3 層には石灰コンクリートが使われたということです。④は最上層で，厚さが 70 cm もある大石を接触面がぴったり合うように加工して隙間なく並べて表面を平らにしました。これらの幹線道路を建設したのはローマ軍で，彼らは優秀な工兵でした。

　道路のすぐ外側に樹木を植えることは厳禁で，もしあれば切り倒されました。これは樹木の根が路床を侵食するのを防ぐことと，防衛・防犯対策からでした。

　ローマ軍は補給を非常に重視していました。道路は往復の荷馬車が互いにすれ違っても楽に通過できるようにつくられました。そして重い攻城用兵器の荷車も容易に通れるように，トンネルを穿ち，石橋を架け，可能な限り平坦につくられたのです。ローマ帝国の全域にはこの規格の幹線道路網が実に総延長 80,000 km（日本の高速道路の 8 倍）も建設されて，常に補修が行われていました。しかも誰でも無料で通行できたのです。

石材の魅力

　地震が滅多にない欧州では石の文明が発達して，石造の荘厳(そうごん)な教会や王宮そして華麗(かれい)な建造物が各都市のシンボルになっています。日本列島は地震多発地帯であるため，耐震設計が発達するまでは石材の利用は限定されていました。

　石材に要求される性質は，外観の美しさ，強度，耐候性，耐熱性，加工性，価格などです。磨いた石材の表面は年月とともに劣化します。石材の耐久性には差がありますが，通常は数百年の使用に耐えます。

　墓石，記念碑，庭石（景石，組石，飛石，敷石，橋石など），枯(かれ)山水，灯籠(とうろう)など石加工品の種類は多く，伝統産業としての石工団地が日本各地にあります。しかし現在では石材の調達と加工は中国の下請け企業に大きく依存しています。墓石には戒名(かいみょう)まで彫刻して輸入しているのです。

　石材は何といっても品質に比べて安い価格が魅力(みりょく)です。統計によると，1998年の生産額はおよそ8,815億円です。高級石材の年間需用は数千億円程度ですが，今ではそれらの大部分が輸入材です。

　以下では高級石材の代表である花崗岩(かこうがん)と大理石について説明します。

花崗岩の利用

　花崗岩は大陸地殻に広く分布している岩石で，日本列島では地表の12％を占めています。花崗岩は緻密で硬く，磨くと美しい光沢を示す耐久性に富む石材で，記念碑や建物の外装材として最高です。花崗岩はシリカ分が多い（≒70％）岩石で，石英とアルカリ長石を主成分として，これに黒雲母が加わっています。白い部分は石英，灰色の粒子が長石，黒い粒子は黒雲母です。花崗岩の外観は，構成鉱物の粒径，量比，色調などの違いで決まります。建築材としての欠点は火災に弱いことで，600℃に加熱すると崩壊(ほうかい)します。これは石英が573℃で急膨張するためです。これに対して大理石は850℃まで安定です。

　御影石(みかげ)は元来は神戸 六甲山の麓(ふもと)の御影地方で産出する花崗岩の石材名で，昔から建造物の外装や墓石などに広く使われてきました。しかし現在の石材業界では，外観が花崗岩に近い岩石をすべて御影石と呼んでいます。したがって，本来

の花崗岩のほか，閃緑岩，斑糲岩（はんれいがん）など，粗粒の結晶が集まってできた深成岩はどれも御影石です。

　御影石は外観から，白御影，桜御影，赤御影，黒御影などに分類されます。白御影と桜御影は日本各地でも産出します。1936年に建造した国会議事堂の外壁には茨城県 稲田産の白御影や広島県 倉橋島の御影石が使われました。庵治石（あじ）は香川県屋島に隣接する庵治町付近に産出する花崗岩で，秀吉の大坂築城の際に開発された高級石材です。本御影や岡山の万成石（まんなり）は桜御影で，少量の酸化鉄を含んでいるので桃色に着色しています。

　赤御影と黒御影はすべて輸入材です。赤御影は多量の酸化鉄を含んでいる赤色花崗岩で，黒御影は有色鉱物をたくさん含む閃緑岩や斑糲岩です。それらの岩石は，南北アメリカ大陸，北欧，インドなど，大陸の盾状地（たて）と呼ばれる古い地質時代の地域で産出します。

　1991年に落成した東京 西新宿の都庁庁舎の外壁には石張りのプレキャスト・コンクリートパネル（PCパネル）が採用されました（図2.2.2左）。これに使われた石材は輸入した花崗岩で，淡色の花崗岩はスウェーデン産のロイヤルマホガニーで，濃色の花崗岩はスペイン産のホワイトパールです。

　1993年に完成した横浜 本牧（ほんもく）のランドマークタワーの外壁にはブラジル産花崗岩のPCパネルが使われました（図2.2.2右）。

図 2.2.2　（左）東京都 都庁庁舎　（右）横浜本牧のランドマークタワー

大理石の利用

　石灰石が地下で接触変成作用を受けると，方解石の結晶が大きく成長して結晶質石灰岩すなわち大理石（marble）に変わります。大理石は内装材や外装材，そして彫像の素材として最高です。純粋な炭酸カルシウムでできている大理石は白色ですが，通常は不純物を含んでいるのでいろいろな着色や模様があります。フズリナ，アンモナイト，珊瑚などの化石を取り込んでいる大理石も多いのです。大理石の名称は中国南部の大理でこの岩石を産出することからきています。

　大理石は外装材としては，花崗岩に比べて強度や耐久性が劣ることと，酸性雨に弱いことが欠点です。我が国では大理石を外壁に使った建造物はほとんどありません。これは地震が多いことと，湿度が高くて石の表面に苔や黒黴が生えやすいこと，国内で美しい大理石が産出しないことなどが主な理由です。

　大理石は，古代エジプトやエーゲ海の島々では紀元前3,000年頃から，古代ギリシャでは紀元前300年頃から，古代ローマでは紀元前200年頃から神殿・公共建築物・彫像などに大々的に利用されました。日本での大理石の利用は，奈良時代における薬師寺の仏壇や法隆寺の仏像台座がもっとも古いとされています。

　現代日本のビル建築では，玄関ロビーなど重要部分の壁や床を大理石張りとすることが多く，内装用には厚さ2cm程度の板材が使われます。現在では，イタ

図 2.2.3　タージ・マハル，インド中部　アグラ

リア，ギリシャ，中国，台湾，フィリッピン，アメリカなどからの輸入材がほとんどを占めています。

タージ・マハルはインド中部のアグラに輝くムガール帝国の栄光の残像です。第五代皇帝シャー・ジャハーンが王妃の死を悼んでつくらせたイスラム様式の美しい建造物です（1632年）。北インド産の白大理石でつくられた，縦，横，高さ，各60mの建造物には優美なアーチ構造が多用されています。建物の各部や柩(ひつぎ)には無数のすかし彫りが施(ほどこ)され，貴石で草花や幾何学模様が象嵌(ぞうがん)されています（図2.2.3）。

2.3　土石類の利用

鉱産原料

地殻を採掘して得られる原材料を鉱産原料と呼んでいます。

日本列島は海に囲まれていますから，現在では，世界中から最も良質の原料を船舶で輸入して，臨海工場で加工しています。大量に使う鉱産原料で，国内鉱山で自給している鉱石は，石灰石，粘土，陶石などです。

原材料たとえば，原油，天然ガス，鉄鉱石，火力発電用石炭，製鉄用石炭，各種金属（ニッケル，コバルト，マンガン，チタン，ジルコニウム，バリウム，ストロンチウム，アルミニウム，イットリウム，希土類元素，希少金属元素…）鉱石，高純度珪石などはほとんどを輸入に頼っています。

再生可能な資源は都市にもあります。たとえば，大量に廃棄されている自動車や家電製品は分別回収・再生が義務付けられています。アルミ缶は容易に再生できます。秋田県小坂町の小坂鉱山では，携帯電話やパソコンなど電子機器の基板から貴金属を回収しています。

礫の利用

神社の参道や枯山水の石庭には川で採取した玉砂利(じゃり)が敷きつめられています。天津甘栗や焼き芋をつくるときには黒くて丸い小石が使われます。

コンクリートをつくるにはセメント1tonに約7tonの骨材が必要です。舗装

道路，鉄道路床などに用いる砕石は年間5億ton以上も採掘されています。コンクリートや舗装道路に用いる骨材は，機械的強度が大きくて価格の安いことが要求されます。関東地方で使われる粗骨材は，東京都 奥多摩地区で採掘しています。

在来線の鉄道路床は列車の振動を吸収するため，厚さが25cmもある砕石（バラスト，ballast）層を使っています。そして年に2-3回は振動ドリルで砕石の搗き固め作業をして，レールと枕木を安定させています。それでも1-3年もすると砕石の角が丸くなってクッションの役目を果たさなくなるので砕石を交換しています（82頁参照）。

砂の利用

砂はコンクリートの細骨材として重要です。この目的には川砂が最適ですが，近年は川砂はもちろん海砂も採掘できないので山砂が使われています。山砂は結合度が弱い砂岩を採掘・破砕して，分級・水洗・粒度配合してつくります。房総半島などに大きな鉱床があります。

金属の鋳造には砂の鋳型が重要な役割を果たしているので，鋳物の生産地は近くに鋳型に適した川砂が採れる場所に位置しています（145頁参照）。

粒がそろった細砂は細い管の中を温度・圧力に関係なく一定の速度で流動します。砂時計はこの原理を利用しています。島根県仁摩町には世界最大の砂時計があります。

天然多孔質材料

完全な単結晶や均一なガラスには気孔（pore）はないのですが，一般の多結晶体はかなりの気孔を含んでいます。気孔が多い材料を多孔体（porous material），気孔が存在する割合を気孔率といいます。気孔の平均径や孔径分布も大事な因子です。

凝灰岩（tuff）は火山灰や火山礫などの火山砕石物の堆積岩で，多孔質で見かけの比重が小さい岩石です。凝灰岩は軟らかくて強度は小さいのですが，採掘や加工が容易で，断熱性が大きいため，古代から世界各地で利用されてきました。

我が国でも，奈良県二上山から産出する凝灰岩は，高松塚や藤の木古墳をはじめとする大和地方の古墳の石室や石棺に広く利用されてきました。

火山から噴出したシリカ分が多くて色が白っぽい火山砕屑物を軽石（pumice）といいます。軽石はマグマが含有していた水分が放出されて生じた多数の気泡を含んでいます。シリカ分が少なくて色が黒っぽい軽石を岩滓と呼んでいます。

珪藻土（Kieselguhl, diatom）は太古の時代に植物プランクトン 珪藻の死骸が海中に堆積して生じた多孔質材料です。主成分はシリカですが粘土や鉄分をかなり含んでいます。能登半島先端の珠洲市は珪藻土の一大産地で，1,200万年前に堆積した地層を採掘しています。

珪藻土製品の代表である切り出し焜炉は，坑道で切り出した珪藻土の塊を刃物で削って整形し，720℃に焼成してつくります。珪藻土の粉末を練土にした内壁材は鏝などで壁塗りができます。珪藻土の粉末を粒状に成形して1,000℃に加熱してつくる多孔質セラミックスは園芸土として評判です。

伊豆の新島や天城山で産出する抗火石は，流紋岩質の多孔質火山岩です。石基が多孔質ガラスであるため耐熱性に優れていて（1,150℃以上），嵩密度が0.73 g/cm^{3}と軽くて水に浮きます。抗火石は加工が容易で，建築用壁材，耐火保温材，防音壁，石壁などに使われています。苔がつきやすいので景石としても使われています。

南九州一帯は「シラス，白砂」と呼ばれるガラス質火山灰の厚い堆積層で覆われています。採掘したシラス（シリカ：70%，アルミナ：13%程度）を粉砕して比重選別し，1,000℃に急熱すると中に含まれている水分が蒸発して，球径が20-200μm，比重が0.3-0.6程度のシラスバルーン（中空球体，balloon）ができます。シラスバルーンは軽量コンクリートの細骨材やプラスチックの充填材などとして使われています。

パーライト（pearlite）は，真珠岩や黒曜石などガラス質の火山岩（シリカ：80%，アルミナ：14%程度）を適当な大きさに粉砕し，800-1,100℃に加熱してつくります。真珠岩系パーライトは加熱によって発泡して数倍に膨れた連通多孔体です。黒曜石パーライトは独立気泡体で，外見がポップコーンに似ています。パーライトは軽量建材やプラスチック製品の充填材として使われています。

合成多孔質材料については155頁で説明します。

粘土の利用

「やきもの」原料としての粘土（clay）や粘土鉱物については42頁で説明します。ここではそれ以外の粘土の利用について説明します。

ベントナイト（bentonite）は粘土鉱物のモンモリロナイトを主成分とする弱アルカリ性の粘土岩です。トンネルや油井の掘削工事では，6％程度のベントナイトを混入した泥水を注入し，循環させながら掘削しています。泥水掘削工法です。

酸性白土（acid clay）はモンモリロナイトを主成分とする酸性ないし中性の粘土岩です。活性白土（activated clay）は酸性白土を硫酸や塩酸と加熱処理してつくります。食用油は活性白土を使って脱色しています。着色している原料油に1-2％の活性白土を混合して110℃で20分加熱・攪拌したのち濾過すると透明な油が得られるのです。

粉おしろいやベビーパウダーには必ずといえるほど，カオリン，タルク，ベントナイト，セリサイトなどの粘土が使われています。

洋紙にはインクの滲みを防ぎ艶をよくするなどの目的で，カオリン，タルクなどの粘土鉱物を大量に混入しています。

名塩和紙は，野生の雁皮の繊維に，地元で採れる泥粘土（風化した凝灰岩）と，ネリとして糊空木の粘液を加えて流し漉きします。名塩和紙は，耐久性が優れている，燃えにくい，熱に強い，虫が食わないという長所があるため，御殿や仏閣の障壁画を描く襖紙（唐紙）として最高とされてきました。重要有形文化財に指定されていて，兵庫県西宮市に名塩和紙学習館があります。石川県金沢特産の金箔の打紙としても有名で，使用後の打紙は脂取り紙として販売されています。

ペットブームで猫砂の消費量は年間15,000tonにも達しています。猫砂には，臭わない，手入れが簡単，周囲が汚れない，価格が安いという条件が課せられています。猫砂は，ベントナイト，ゼオライト，木粉，シリカゲル，コーヒー滓などさまざまな素材を混ぜてつくりますが，主役はベントナイトで，尿で濡れると固まって臭いを閉じこめるので簡単に廃棄処分ができます。

栃木県鹿沼市周辺に分布している鹿沼土は園芸用土として保水性が優れています。鹿沼土は赤城山の噴火で堆積した火山灰が風化してできた非晶質の粘土鉱物

アロフェン（allophane）が主成分です。

バーミキュライト（蛭石，vermiculite）は黒雲母が変成してできた粘土鉱物の一種です。園芸店で販売しているバーミキュライトは原料を加熱して大きく膨張させた多孔性材料です。

各地のホームセンターには，数十種類もの手芸用各種粘土が置いてあります。紙粘土，ゴム粘土，樹脂粘土，油粘土，木質粘土，純銀粘土，石粉粘土，大理石調粘土，カラー粘土などです。水を加えると可塑性がでる粘土，加温すると軟化する粘土，乾燥すると硬化する粘土，いつまでも硬化しない粘土，温度調節ができるレンジで120℃に加熱すると固化するオーブン粘土など，さまざまな性質を備えた粘土が市販されています。それらの中には粘土鉱物を含んでいないものもありますが，どれもこれも複合材料であることは確かです。

ゼオライト

ゼオライト（沸石，zeolite）は粘土鉱物の親戚ですが，層状構造の粘土鉱物と違って三次元骨格をもち，いろいろな口径の細孔をもっています。融点が低くて，加熱すると沸騰して急激に膨張することから沸石の名前がつきました。

40種類くらいの天然ゼオライトと，150種類以上の合成ゼオライトが知られています。天然ゼオライトは海底の堆積層がアルカリ性で変成作用を受けたときに生成したものです。山形県 板谷のゼオライト鉱山は世界最大級の鉱床です。

ゼオライトの最大の用途は洗濯用ビルダー（効力増進剤，builder）です。水中にCa^{2+}イオンやMg^{2+}イオンが存在すると，洗剤の界面活性剤がそれらと結合して洗浄力が低下します。Na^+イオンを含むナトリウムゼオライトを洗剤と併用すると，それらイオンと速やかにイオン交換して洗剤の洗浄力を十分に発揮させるのです。

花や果物，野菜の中にはエチレンガスに弱くて，接触すると腐敗しやすい品種がかなりあります。ゼオライトはエチレンガスを吸着する性質があるので，天然ゼオライトの粉末を練り込んだ冷蔵庫用のプラスチック袋が市販されています。

粘土セラミックス

3.1 陶磁器

「やきもの」の原料

「やきもの」は粘土だけでつくることもできますが、伝統的な「やきもの」は複数の天然原料を混合して使うことが多いようです。これは原料に、成形しやすさと焼成温度域の広いことが要求されるからで、一種類の原料ではこの二つの条件を満たさない場合が多いからです。

一般的な「やきもの」の素地は、粘土質物に、長石質と珪石質の岩石の粉砕物を加えてつくります。○○質物は○○質の物質という意味です。粘土質物は素地を成形するのに必要な可塑性

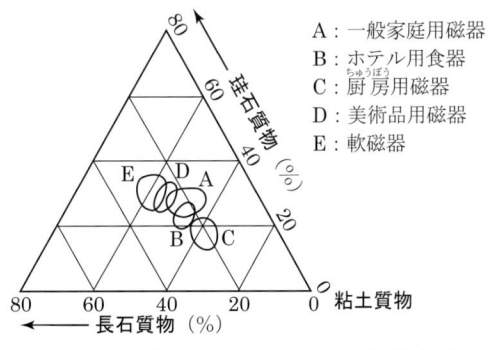

A：一般家庭用磁器
B：ホテル用食器
C：厨房用磁器
D：美術品用磁器
E：軟磁器

図 3.1.1　粘土セラミックス素地の典型的組成

(plasticity) を備えています。長石質物は素地の融点を下げる融剤(フラックス，flux) として，珪石質物は可塑性を調整して素地の乾燥による亀裂を防止する役割をもっています。

図 3.1.1 は粘土セラミックス素地の典型的組成です。現在では種々の原料を上手に配合した素地土が原料メーカーから市販されていますから，それぞれの用途に応じて選択すれば足ります。素地土は十分混練して気泡を取り除く必要があり，多量の素地を処理するには真空土練機を使います。

粘土と粘土鉱物

粘土 (clay) は長石が風化・分解してできた粘り気がある土で，水を加えてつくる坏土 (練土，body) には可塑性があって，粘土細工ができます。粘土は地上の至る所にありますが，未分解の長石，シリカ，雲母粒子などの不純物が混入していることが多く，良質で大量に採掘できる粘土は限られています。著名な粘土には産地や性質に関連した名前がついています。代表的なものとしては，国内産では，蛙目粘土，木節粘土などがあります。国外産では，中国江西省景徳鎮 (jingdezhen) 近郊で産出するカオリン (高嶺土，高陵土，陶土，kaolin)，韓国の河東カオリン，米国のジョージアカオリンなどが有名です。

粘土は粘土鉱物の非常に微細なコロイド粒子の集合体です。粘土鉱物はいずれも層状の結晶構造をもち，カオリナイト (kaolinite)，モンモリロナイト (montmorillonite)，タルク (滑石, talc)，セリサイト (絹雲母, sericite)，ハロイサイト (halloysite)，パイロフィライト (蝋石, pyrohyllite)，マスコバイト (白雲母, muscovite)，クロライト (緑泥石, chlorite) など，多くの種類があります。

カオリンは，カリ長石が風化・変質してできる粘土鉱物のカオリナイト ($Al_2O_3 \cdot 2SiO_2 \cdot 2H_2O$) が主成分です。すなわち，酸性の水や熱水によって長石中のカリウムとシリカの一部が溶出すると，残ったシリカとアルミナが水と結合してカオリンができます。黒雲母は水に溶けている酸素によって酸化されて，コロイド状の酸化鉄に変わります。

九州地区で採掘されている陶石は，珪石とセリサイトを主成分としています。陶石を原料とする磁器製造は日本独自の技術です。

粘土鉱物は合成可能ですが，価格の点から量産はされていません。やきもの以外への粘土の利用については 39 頁で解説しました。

長　石

地表の岩石の 3/4 を占めている花崗岩と片麻岩は，石英と長石と雲母からできていて，60-90％もの長石を含んでいます。

長石にはアルカリ長石と斜長石の二つの系列があります。

アルカリ長石（feldspar）には，ナトリウム長石（$Na_2O \cdot Al_2O_3 \cdot 6SiO_2$）とカリ長石（$K_2O \cdot Al_2O_3 \cdot 6SiO_2$）がありますが，実際に産出する長石は両者の固溶体です。固溶体の熔融温度は 1,140℃から 1,280℃まで変化します。ナトリウム長石は，カリ長石よりも熔化温度が低くてフラックス作用も強いのですが，変形量が大きいのが欠点です。斜長石は，ナトリウム長石とカルシウム長石の固溶体です。

シリカの鉱物と岩石

シリカ（二酸化珪素，silica，SiO_2）はラテン語の燧石（silicis）に由来しています。花崗岩が風化しても白い砂粒として最後まで残ります。シリカ鉱物にはいくつもの多形があります。室温で安定な多形は石英（quartz）で，水晶（rock crystal）は石英の単結晶です。珪石や珪砂は石英の多結晶で，多くは不純物を含んでいます。準安定相としてクリストバライト（cristbalite）やトリディマイト（tridymite）が存在します。それぞれの多形には結晶構造がわずかに違う高温型と低温型があって，変位型転移をします。それらの転移は SiO_2 四面体相互の角度が少し変化するだけで，相互に速やかに進行します。石英は 573℃で低温相から高温相へ変位型転移します。1,100℃以上では石英はクリストバライトへ再配列型転移しますが，その速度は非常に遅いものです。

堆積・続成・変成などの作用を受けた岩石は水和物や含水鉱物として産出する場合が多く，それらは水の衛星である地球の特産物です。シリカでは，玉髄（chalcedony）は微結晶質石英粒子の集合体からなる堆積岩ですが，必ず少量の水を含んでいます。玉髄は微量の不純物によって色や縞模様が変化するので，

いろいろな名前で呼ばれています。ジャスパー（碧玉, jasper），瑪瑙（agate），オニックス（縞瑪瑙，onyx），紅玉髄（carneol, sard），チャート，フリントなどです。チャート（chert）は緻密な極微晶石英（SiO_2）の堆積岩で，破面が貝殻状で鋭い石です。チャートは不純物によって色が大きく変わりますが，灰色の石をフリント（燧石，flint）と呼んでいます（2 頁参照）。佐渡の赤玉石は，酸化鉄を多量に含む瑪瑙質の鉄珪石です。

「やきもの」の種類と分類

　窯業は地域性が非常に大きい産業です。「やきもの」の多くは生産地の近隣で産出する原料でつくられています。「やきもの」の焼成条件もさまざまです。世界中でつくられている「やきもの」は千差万別なのです。それらを例外なしに合理的に分類することは非常に難しくて，誰もが納得する分類は現実には存在しません。明治 30 年代末頃のことですが，大日本窯業協会に訳語選定委員会ができて「やきもの」の分類と用語が検討されましたが，異論続出で結局うやむやになってしまったということです[*1]。

　ここでは表 3.1.1 にしたがって説明しますが，分類を厳格に考えないでください。「陶器」は明治初期までは「やきもの」全体を指す用語でしたが，この分類では狭い意味に使っています。

　土器（earthenware）は，粘土で成形した器を乾燥して 600-900℃ に焼いてつくります。いわゆる野焼で得られる最高温度は 800℃ 程度ですから，窯がなくて

表 3.1.1 「やきもの」の分類

種　類	素　地	釉	焼成温度
土　器	多孔質・吸水性大	不　問	600-900℃
陶　器	吸水性有	施　釉	900-1,300℃
炻　器	緻密・不透明	不　問	1,100-1,350℃
磁　器	緻密・透光性	施　釉	1,200-1,500℃

＊1：加藤悦三 著，『陶器の思想』，日本陶業新聞社，（2000 年），p.77

も製造できます。土器は不純物が多い粘土を使うので焼成後の素地は着色しています。焼成温度が低いので，素地は多孔質で，吸水性が大きく，強度が弱く，叩くと鈍い音がします。縄文式土器，弥生式土器，埴輪，かわらけ，博多人形，京焼人形，今戸焼，土鈴，植木鉢などがこれに含まれます。多くは施釉しません。

狭い意味での陶器（pottary）は 900-1,300℃で焼成するので，かなり緻密に焼結しているのですが，若干の吸水性があります。陶器は施釉するものが多くて，萩焼，粟田焼，薩摩焼，織部焼，美濃焼，笠間焼，益子焼，室内用タイル，衛生陶器，テラコッタなどがこれに含まれます。

炻器（stoneware）は不純物が多い素地を使って成形して，石のように硬く焼き締めてつくります。素地は濃く着色していて，吸水性がなく，叩くと金属音を発します。不純物が多い素地ほど焼結しやすいので，磁器に比べると少し低い温度で焼成できます。備前焼，伊賀焼，信楽焼，丹波焼，赤膚焼，常滑焼，万古焼，中国江蘇省の宜興窯，イギリスのジャスパーウエア，屋外用タイルなどがこれに属する「やきもの」です。明治期には「石器」と書きましたが石の道具と紛らわしいので，明治40年（1907年）に「炻」という国字（和製漢字）が考案されました。

磁器（中国では瓷器と書く方が多い，porcelain）は技術的には頂点に位置する「やきもの」で，高温焼成するので，素地が緻密で吸水性がなく，叩くと金属音を発するという特徴があります。磁器は，白磁と青磁に大別されます。白磁は素地が白くて透光性がよいほど高級品で，鉄やチタンなど着色原因となる不純物が極力少ない原料を使ってつくります。青磁は若干の鉄を含む不透明な素地に，少量の酸化鉄を含む透明釉を厚くかけて還元炎で高温焼成してつくります。登窯で松の薪を焚いて得られる最高平均温度は 1,300℃で，それ以上の温度を必要とする西欧磁器の焼成には石炭窯などを使います。最高温度が 900℃で足りる上絵付け窯の多くは電熱炉です。

有田焼，波佐見焼，瀬戸焼，清水焼，九谷焼，砥部焼，出石焼，會津本郷焼，景徳鎮，ボーンチャイナ，マイセン，ローゼンタール，セーブル，リチャードジノリ，ミントン，スポード，ロイヤルクラウンダービー，ロイヤルコペンハーゲン，陶歯などは磁器製品です。

「やきもの」の特性

「やきもの」に共通する特徴は，第一に化学的に丈夫で長持ちすることです。何しろ材質的に最も弱い土器でさえ 1 万年の風雪に耐えるのです。熱に強い，燃えない，腐(くさ)らない，錆(さび)ない，薬品に強い，傷がつかない，減らない，硬いなど，苛酷(かこく)な条件に耐えるという性質は有機物や金属の追従を許しません。

「やきもの」の欠点は，何といっても脆くて壊(こわ)れやすい(もろ)ことです。機械的衝撃(しょうげき)や，急熱・急冷に弱いという性質はなかなか克服(こくふく)できません。

「やきもの」の製造には，高温度と長時間を必要とすることが大問題です。セラミックスの化学反応は多成分系の複雑な固相反応です。固相反応は気相反応や液相反応に比べて非常に遅いのが特色です。

大きな「やきもの」

人類は現在でも大きなセラミックスをつくるのが苦手です。

滋賀県 信楽(しがらき)には，高さ：8 m，重さ：22.5 ton の「やきもの」の狸が立っています（図 3.1.2 左）。この陶像は，骨材が多い不均質な練土を用い，三つに分けて成形し，焼成したものを接合してつくられました。

図 3.1.2 大きな陶磁器
（左）狸の「やきもの」，滋賀県 信楽　（右）組立中の 100 万 V 一体碍管

組織が均一な磁器の皿は直径が 2-2.5 m 程度, 磁器の壺は高さが 2-2.5 m 程度というのがどこの窯場でも製造できる限界です. これは焼成するときに自重でへたってしまうからです.

世界最大の磁器製品は, 100万V送電網用に開発された日本ガイシ㈱製の碍管で, 高さ:11.5 m, 最大径:1.6 m, 金具を含む重量:10 ton もあります(図3.1.2右). この碍管は, 数個に分けて成形・焼成した部品の上下の端面を研磨し, 接合用の泥漿(でいしょう)を薄く塗布して組み立て, 分割した炉体を左右から接近させて本焼成よりもやや低い温度に加熱してつくられました. 値段は1億円以上もします.

伝統陶磁器の組織

焼成した「やきもの」は焼成前の生素地とは全く違う複雑な組織(texture)をもっています. 原料中に含まれている珪酸塩鉱物や粘土鉱物が高温に加熱されると, 熱分解, 焼結, 熔化(よう)(ガラス化), 固相反応など, いろいろな現象が起って, 全然別の複雑な複合材料に変化しているのです.

磁器の組織を詳しく調べると, 微細な結晶の集合体(多結晶)であることが分かります. すなわち, クリストバライト(シリカの高温多形)の微小結晶とムライトの針状結晶が絡(から)み合って, その隙間(すきま)をガラス相が埋めている構造です. 磁器が透光性を示すのは, 素地が熔化していて, 表面にガラス質の透明釉を施(ほどこ)してあるからです. 複合多結晶体であることが「やきもの」の特徴の一つです.

釉

「やきもの」は, 釉(ゆう, うわぐすり)(glase)をかけないで高温で焼く「焼締陶(やきしめ)」と, 表面にガラス質の釉をかけて焼く「施釉陶(せゆう)」とに分類できます.

焼締陶(締焼陶)は素焼(すやき)(biscuit)をしないで硬く焼結させます.

「やきもの」の表面にかけるガラス質の保護装飾(そうしょく)膜を釉と呼びます. 施釉陶は, 素焼した素地に釉をかけて焼くものと, 生素地に施釉して焼成するもの(生掛(なま)け)とがあります. 施釉陶には鋭いエッジがありません. これは熔けた釉が表面張力で尖(とが)った部分に付着しにくいからです. 釉の熱膨張が素地のそれと同じ程度でな

いと貫入(ひび割れ)を生じて,ひどい時には剥落します。青磁,志野焼,薩摩焼,萩焼などでは貫入が鑑賞点のひとつです。

3.2 日本列島の「やきもの」

古代から中世の「やきもの」

日本各地の遺跡で新しい発見が続いています。青森県外ヶ浜町 大平山元Ⅰ遺跡から出土した土器と木炭が,最新の加速器質量分析装置で研究されました (117頁参照)。その結果は,16,140-16,520 cal B.P. ということで,20 世紀末の段階で世界最古の土器であることが判明しました。東京都新宿区百人町の遺跡からは,煮炊きに使った形跡がある 12,000 年前の土器がたくさん出土しています。この土器は厚さが平均 5mm と薄くて伝熱性に優れていて,原料の粘土に鹿などの動物の毛を混入して補強していました。

縄文式土器は,日本列島に住んでいた古代人にふさわしい大胆で動的な造形感覚と独創的な紋様をもっています。縄文式土器の様式と出土地域や年代との関係は詳しく研究されています。縄文式土器の多くは黒褐色で,空気の供給がよくない状況下で 500-800℃で焼成したようです。明治 10 年 (1877 年),東京大学に生物学教授として着任したモース (E.S.Morse) は,横浜から新橋に向かう車中から大森貝塚を発見しました。早速当局の許可を得て発掘した土器には,縄や紐を転がしたり押し付けたりしてつけた独特の紋様があったことから,彼は code mark pottery (縄紋式土器) と命名しました。現在では縄紋を縄文と書く方が多いようです。ダーウィン (C.Darwin) の進化論を日本にはじめて紹介したのもモースです。

青森県 三内丸山遺跡は今から 5,500 年前から定住がはじまって 1,500 年間続いた縄文中期の遺跡で,栗や漆の木,稗,瓢箪などが管理栽培されていました。原料となる黒曜石,翡翠,琥珀,アスファルトなどを,秋田,越後,信濃,陸奥,岩手,北海道などの遠隔地から運んでいました。

弥生式土器は稲作技術と深く関係していて,2,300-2,000 年前頃からつくられてきました。弥生式土器は明るい黄褐色で,装飾が少ない実用的な「やきもの」で,空気の供給がよい状況下で 800-900℃で焼成してつくったようです。本郷向ヶ丘弥生町(現東京都文京区弥生町)で明治 17 年(1884 年)に発見されたので,

この名前がつきました。

　佐賀県 吉野ヶ里遺跡は弥生時代最大の遺跡です。この遺跡は紀元前300年から，壮大な規模の環濠集落やが物見櫓建設された300年にかけての弥生都市の遺構です。遺跡の発掘から，原始的国家が成立するとともに強大な王権が確立して，激しい戦争が行われたことなどが分かってきました。

　古墳時代には，弥生式土器の延長にある「土師器」と呼ばれる「やきもの」がつくられました。それらは「手捻り」や「紐つくり」で粘土を成形して，「野焼き」かごく簡単な窯で800℃位の酸化炎で焼成しました。土師器の埴輪もおおらかな造形美の作品が多数遺されています。

　5世紀の中頃「須恵器」の技術が朝鮮半島から伝来しました。須恵器は轆轤で成形した均整のとれた器物を，傾斜地に築いた半地下式の「窖窯」で1,000-1,100℃に焼成してつくりました。須恵器は従来よりも高温の還元炎で燻焼きするので，よく焼結して薄くて丈夫な陶質土器で，胎土の鉄分が還元されて素地は灰色です。須恵器は火にかけると割れやすいので煮炊きの容器には向いていません。窖窯はやがて登窯に発展しました。大阪府堺市近傍の阪南窯址群は最大の須恵器生産地で，数百基の窯跡が発掘されています。

　7世紀の後期には中国から「緑釉陶」の技術が伝わりました。緑釉は酸化鉛を主成分とする「鉛釉」で，800℃程度で焼付けします。

　8世紀になると「唐三彩」とその製造技術が伝来しました。日本ではこれを模した「奈良三彩」がつくられて宮中などで実用されました。

　平安時代には中国 越州窯の青磁を大量に輸入しました。

　9世紀になると，須恵器を焼いていた愛知県の猿投窯で，分炎柱を備えた「窖窯」が工夫されて1,200℃以上の高温焼成が実現しました。これで木灰を使う「灰釉陶」が生産できるようになりました。

　鎌倉時代の「やきもの」は「焼締陶」と「施釉陶」とに大別できます。焼締陶は，成形した品物を素焼することなく高温の酸化炎で焼成して得られる緻密な「やきもの」で，薪の灰が降って「自然釉」が形成されます。猿投窯の流れをくむ常滑窯は中世最大の焼締陶生産地で，甕や壺など実用的な製品がつくられました。12世紀には，常滑に近い渥美窯，福井県の越前窯，兵庫県の丹波窯，そして滋賀県の信楽窯も常滑窯の流れをくむ窯として発展して日用品を製造しました。

外国人の美意識

中国では，歴代の皇帝が美麗で高い対称性をもつ精巧な瓷器(じき)作品だけを評価して収集しました。台湾 台北の故宮博物院にはそれらの最高傑作二万数千点が収蔵されています。傷物の瓷器や，瓷器以外の「やきもの」は，日本で国宝になっている天目茶碗を含めて雑器扱いでした。日本に渡来した瓷器は大切に伝世されています。

朝鮮半島でも状況は同じでした。ここには良質の陶土があって，中国と地続きであることから「やきもの」の技術も早くから進んでいました。この国が誇る磁器に高麗青磁と李朝白磁があります。王宮では官窯でつくられた品質の高い磁器が使われていました。日本で評価が高い井戸茶碗や三島茶碗は，ここでは当時も現在も民窯の雑器に過ぎません。現在の韓国では「やきもの」の食器をあまり使いません。これは，韓国料理では匙(さじ)が主で箸(はし)が従であることや，茶碗を手に持って食べないことに関係があるのでしょう。

欧州の王侯貴族も同じような感性の持ち主でした。西欧の食器や工芸品は，精細で美麗(びれい)，対称性が高くて，傷や歪みがなくて，完璧なクローン製品だけが評価されます。西欧諸国で首脳の公式晩餐会で使われる西洋皿は，100枚重ねて横から見ても完全に揃っていて，壊れたらいつでも補充できなければなりません。洋食器は精巧な工業製品なのです。マジョリカなどはお土産用の民芸品に過ぎません。

大航海時代に渡来した南蛮(なんばん)宣教師達にとって，日本人の美意識は理解に苦しむ価値観でした。イエズス会司祭のフロイス（1563年来日）は報告書の中で「日本人は，古い釜や，ひびが入った古い陶器などを宝物とする」と書いています[*1]。戦国大名に知己を得たイエズス会巡察師ヴァリニヤーノは，大友宗麟が銀9,000両で手に入れた陶土の茶入れ「似たり茄子(なす)」を「我らから見れば鳥籠(かご)に入れて小鳥に水を与える以外に何の役にも立たぬ」と酷評しました[*2]。

大航海時代のスペイン人やポルトガル人は，南米の植民地で収奪した金銀財宝をすべて鋳潰(いつぶ)して持ち帰りました。これに対して，正倉院宝物はどれもこれも素材そのものは二束三文ですが，当時の加工技術の高さで評価されているのです。

---

*1：松田毅一，E. ヨリッセン 著，『フロイスの日本覚書—日本とヨーロッパの風習の違い—』，中公新書707，(1983年)，p.121

*2：松田毅一 著，『天正遣欧使節』，講談社学術文庫1362，(1999年)，p.179

岡山県の備前窯は須恵器の技術を母体として発展し，擂鉢をはじめとする日用品を量産して東の常滑と並ぶ産地となりました．

12-13世紀には，瀬戸窯が猿投窯の技術を発展的に継承した「灰釉陶」の技術で，四耳壺や「梅瓶」と呼ばれる瓶子など，白磁や青磁の写しが量産されました．14世紀になると灰釉に鉄分を追加した黒褐色の釉が工夫されて，天目茶碗，茶入，茶壺などの新商品が開発されました．「古瀬戸」と呼ばれるこれらの製品によって，瀬戸は国内随一の施釉陶生産地になりました．

信楽窯，常滑窯，瀬戸窯，越前窯，丹波窯，備前窯を六古窯と呼んでいます．

朝鮮系の唐津窯は天正年間に活動をはじめました．「連房式登窯」の技術を導入した唐津窯は良質の灰釉陶器の量産に成功していましたが，茶陶でも，三島唐津，奥高麗，絵唐津など優れた作品をつくって，瀬戸・美濃に匹敵する灰釉陶器の産地になりました．

文禄・慶長の役（1592-1598年）で朝鮮の陶工が多数来日しました．各藩は彼らを優遇して各地に窯が開かれました．萩窯は毛利輝元が朝鮮から連れ帰った陶工によって開窯されて，おとなしい肌と貫入が特徴です．九州では，唐津に加えて，薩摩窯，上野窯，高取窯などがそれです．薩摩焼には藩窯の「白薩摩」と民窯の「黒薩摩」とがあります．

和風陶器の進歩

茶陶の登場により，日本の「やきもの」は一変して，輸入陶磁が最高であるとする意識が変革されました．

利休のあとを継いだ大名茶人は，細川三斎忠興，蒲生氏郷，高山右近，古田織部正重然，小堀遠州らでした．

本阿弥光悦は刀剣の研磨・鑑定を業とする家に生まれましたが，書画，漆芸，陶芸に優れ，江戸初期の美術・工芸の広い分野で指導的役割を果たしました．

茶人で武将の古田織部は美濃系の窯を指導して，奇抜な造形デザインと緑釉や鉄釉を基調とする，派手で遊び心にあふれた絵柄の「織部焼」をつくらせました．

茶碗では，肌触すなわち「触致の美」が大事です．和風陶器の魅力は，非対称や傷と歪みを気にしない独特の造形に加えて，新しい釉を開発したことにあります．

たとえば，厚くぼってりと掛けた白釉と大胆な貫入を組み合わせた「志野」など，独特のさまざまな工夫が試みられて和陶が発達しました。瀬戸窯の流れをくむ美濃窯では，天目，瀬戸黒，黄瀬戸，志野など，新感覚の「やきもの」を工夫して，茶道具に応用しました。伊賀窯は豪快な作為で，水差し，花入，鉢，香合などの茶道具をつくりました。備前窯は「火襷」と呼ばれる窯変装飾技法を考案しました。

鉄釉は宋時代の中国南部で発明されましたが，現地では青磁や青白磁が尊ばれて鉄釉は脇役でしかありませんでした。ところが日本人は鉄釉にも夢中になったのです。なにしろ中国製の天目茶碗が5件も国宝として残っているこの国です。天目釉に独特の工夫が加えられて地味で渋い鉄釉陶器が発達しました。鉄釉は日本の民芸窯でもっとも多く使用されている釉です。

野々村清右衛門は瀬戸で技術を学んで，京都 御室の仁和寺の門前に窯を開きました（1644-48年頃）。仁清こと仁和寺の清右衛門は轆轤の名手で，純和風の造形美を確立して京焼の指導者となりました。仁清は赤を基調とした豊かな釉彩を使う王朝趣味の華麗な赤絵技法を開発しました。彼の赤絵は，発色，金泥の隈取り，濃筆の運筆など，どれも中国や伊万里の赤絵と共通点がありません。

仁清の跡を継いだ名工が尾形乾山（1663-1743年）です。彼は高級呉服商 雁金屋の生まれで，兄は有名な絵師の光琳（1658-1714年）です。乾山は絵と書に工夫をこらして「やきもの」の新領域を開拓しました。彼の「やきもの」は，画材の豊富さ，彩画の大胆さ，意匠の卓抜さに特徴があります。

日本人の美意識

大航海時代から四百数十年が経過しましたが，日本人の美意識は大して変わっていません。

全国各地の美術館には，誰が見ても美しいと感じる芸術作品が並んでいます。磁器については，我が国でも原則として完成度の高い品質が要求されます。

それと共に日本の美術館には窯変によって偶然に生まれた再現不可能な，美しいというのが難しい作品が並んでいます。日本人は美麗な作品を鑑賞する一方で，なぜ出来損ないの「やきもの」を高く評価するのでしょうか？

伊万里磁器

「伊万里」という名前は，有田の窯場でつくった磁器を伊万里港から出荷したことに由来しています。有田地区では窯跡の詳しい発掘調査が進んで，磁器が開発された過程が解明されつつあります。その結果，従来の定説がくつがえされました。

中国 景徳鎮磁器の輸出は，宋時代にはじまって，元時代，明時代とますます盛んになりました。輸出先は，日本，東南アジア，インド，ペルシャ，欧州と世界中に拡大しました。17世紀初頭には，世界初の株式会社であるオランダ東インド会社が東洋貿易を独占して巨万の利益を手にしました。しかし明末になると，戦乱と飢饉によって景徳鎮の磁器生産が停止してしまいました（1642-80年）。

唐津系の陶工は1600年頃から西有田で陶器を製作していました。李参平が有田の泉山で陶石を発見したのが，元和2年（1616年）とされています。陶石にはセリサイト（絹雲母）という粘土鉱物が含まれています。陶石を原料とする磁器はこの地方独自の技術で，陶石を粉砕し水簸して粘土分を集めて杯土をつくります。

初期の磁器作品を「初期伊万里」と呼びます。その技術は未熟でしたが，染付の技法も使っていました。初期伊万里の絵柄は中国の古染付によく似ています。景徳鎮動乱期の間隙を埋めたのが伊万里磁器で，中国から有田に技術移転が行われたことは確実ですが，証拠は見つかっていません。有田磁器の品質は僅か数十年で見違えるほど向上しました。

正保時代（1644-48年）になると「古九谷様式」の色絵磁器が生産できるようになりました。「柿右衛門様式」の磁器は「古九谷様式」に代わる輸出用の新商品として寛文時代（1661-72年）に開発されました。柿右衛門手は濁手と呼ばれる乳白色の染付け白磁に，鮮やかな日本式の赤絵を施したのが特色です。「金襴手・伊万里」は，染付け白磁に金泥を含む豪華な赤絵（上絵，色絵）を施した輸出用磁器で，元禄時代（1688-1703年）に開発されました。なお，各色の赤絵はいずれも鉛釉です。

「伊万里」の輸出は万治2年（1659年）から開始されました。輸出された柿右衛門様式や金襴手の磁器，そして染付磁器は欧州の王侯貴族に熱狂的に歓迎されました。欧州で最初の白磁がマイセンで製造されたのは1709年のことで，欧州における初期の磁器窯では柿右衛門の模倣が盛んに行われました。

茶の湯

　茶の湯と茶道が，日本の「やきもの」に与えた影響は非常に大きいものがあります。喫茶の風習が普及した初期には，中国製の茶道具が高級品としてもてはやされました。中国から舶来された道具を「唐物（からもの）」と総称します。「やきもの」産業が未発達であった鎌倉時代には南宋の唐物が宝物でした。

　禅宗寺院を経て導入された中国茶の作法は，室町幕府八代将軍　足利義政の時代に日本式に変革されて「茶の湯」が成立しました。彼は侘茶（わびちゃ）の祖とされる村田珠光（じゅこう）を召し抱えて「茶の湯」の様式を整えさせました。彼らが工夫した茶会が新興商人が活躍した堺で開花しました。堺の茶匠　武野紹鷗（じょうおう）の「茶の湯」は織田信長と結ばれて発展しました。

　珠光や紹鷗は中国の茶道具に代わって「高麗（こうらい）茶碗」を評価しました。高麗茶碗は朝鮮半島でつくられた茶碗の総称ですが，高麗時代の品物は僅かで，李朝時代の民窯の作品がほとんどです。その代表が井戸茶碗や三島手です。呂宋壺（るそん）は茶席の床飾りとして重要な道具で大変な高値で取引されました。呂宋はフィリピン　ルソン島のことですが，実際には中国南部でつくられた壺で，薬や香料そして酒などを入れて輸入されたものだそうです。

　織田信長は合理主義の天才で，凡人が思いもつかない概念をつぎつぎに実行に移して，人々を中世の呪縛（じゅばく）から解放しました。彼は権力と金力を使って「茶器」の名品を集めて，しばしば「茶の湯」を催（もよお）しました。そして功績を挙げた重臣には名品の茶器を授けて，茶の湯を主宰することを許しました。これは彼らにとって大きな名誉でした。茶会をもり立てる小道具が「茶道具」です。世界にただ一つという品物は誰にとっても何物にも代え難い魅力（みりょく）があったのです。茶道具という「珍妙・奇天烈（きてれつ）」な価値観と美意識の共有が和風陶器の発展に寄与しました。信長は「何の変哲（へんてつ）もない雑器が一国一城に匹敵する」という新しい概念を創造したのです。

　信長の発想は秀吉に引き継がれて発展しました。太閤は金色に輝く「茶室」をつくらせる一方で，「和敬静寂」の千利休を重用しました。利休は彼の美意識を表現した「やきもの」を瓦師の長次郎につくらせました。長次郎の窯は聚楽第（じゅらくだい）の近くにあったので聚楽焼（楽焼）と呼ばれました。

鍋島藩は技術の秘密を守るため，取引を伊万里の津に限定して有田への立入りを厳しく取り締まりました。鍋島藩は最高の技術者を集めて「鍋島」を制作させました。鍋島は幕府や朝廷への贈答を目的とした品物で，市販品ではありません。

伊万里磁器の輸出の最盛期はわずかに30年間でしたが，輸出された伊万里の総数はオランダ東インド会社の公式記録で190万点，密輸も含めると400万点にも達したということです。景徳鎮が戦乱から落ち着きを取り戻して輸出を再開すると（1680年頃），「伊万里」は価格で対抗できませんでした。その理由の一つは生産効率です。景徳鎮陶土の成形速度は，陶石を粉砕して使う伊万里の陶土にくらべて段違いに速いのです。伊万里の輸出は徐々に減って，国内での販売が増加しました。有田近郊の窯場 波佐見窯，三川内窯なども盛んになりました。

江戸時代末期の「やきもの」

江戸後期には，磁器では伊万里が，陶器では京焼が指導的役割をはたしました。奥田頴川は京焼に磁器を導入したことで知られています。門下には青木木米，仁阿弥道八，欽古堂亀祐らがいます。これに永楽保全も加わって，文人趣味の煎茶道具や抹茶道具がつくられました。

地方窯も活発になり全国的に作陶活動が展開されて独特の作風を競い合いました。実用器を焼く窯も全国的に展開されました。たとえば，常滑窯の朱泥，万古窯の烏泥など多様な「やきもの」がつくられるようになりました。

有田で技術を学んだ加藤民吉が，瀬戸ではじめての磁器をつくったのが1807年です。瀬戸では，新しくつくられる磁器を「新製」，それに対して従来からつくっていた陶器を「本業」と呼びました。新製の原料は粘土（蛙目粘土や木節粘土）と長石と珪石の混合物です。新製の原料は，陶石を原料とする九州の磁器と比べて成形速度が速いのが特長です。瀬戸を中心とした中京地区では「やきもの」の産業基盤が確立して，いわゆる「瀬戸物」が市場を席巻しました。

明治維新を迎えると工芸としての「やきもの」も一新しました。優れた陶工が作家意識を明確に打ち出して，作者個人を主張する時代になったのです。

茶　道

　江戸時代は天下が泰平になって独特の家元制度が生まれました。家元という呼び名は江戸中期からですが，家元の実体は平安時代には成立していました。「茶道」では利休の子孫が表千家，裏千家，武者小路千家に分かれて伝統を継承しています。抹茶を用いる茶道にはその他にも，遠州流，藪内流(やぶうち)，有楽流(うらく)など40もの門流があります。煎茶道もあります。これだけの家元が存在するのですから，茶道人口は巨大で茶道具の需要も莫大です。家元は免許制度を通して，多数の門人や千家十職（陶工，釜師，塗師，指物師，金物師，袋物師，表具師，細工師，柄杓(ひしゃく)師，陶器師）の職人と経済的に結びついて共存共栄しています。「茶道」は「茶の湯」に比べて，作法と形式に傾斜しています。

陶芸天国日本

　現代の日本人は世界で一番の「やきもの好き」で，色刷りの陶芸雑誌が数万部も売れる陶芸天国です。全国各地には伝統的な「やきもの」産地が百箇所以上もあって，どこの窯元でも愛好家の列が絶えることがありません。
　陶芸の初心者が鍋島や板谷波山と同等の磁器作品をつくることは不可能ですが，織部様式や魯山人風の軟陶作品であれば制作可能です。書と俳画の素養(そよう)があれば乾山を超える作品をつくることも夢ではありません。
　人は誰でも「生き甲斐」が必要です。現代日本の陶芸天国は「再現ができない，私が好きなやきもの」という凡人の智慧(ちえ)と価値観が支えているといえるでしょう。

3.3 セラミック建材

セラミック建材とは

　瓦以外のセラミック建材製造業は明治以後に発達した産業です。瓦，煉瓦，土管など，セラミック建材の多くは 10-100 円/kg 程度のごく安い製品で，しかも百年単位の寿命が要求されます。これらの製品は安価な雑粘土を配合してつくります。

　日本列島は地層が複雑で，採掘した原料粘土の品質はたえず変動します。それにもかかわらず，1 枚が 50-100 円と安い粘土瓦でも年間を通じて ±1mm 以内の精度を維持していますし，100 回を越える凍結・融解試験でも亀裂を生じない製品がつくられています。セラミック建材の製造技術は，先人が長い年月をかけて習得した経験と技術の塊です。

屋根材

　建物の屋根を葺く材料に，藁，茅，桧皮，木板，銅板，粘土瓦，最近ではチタン瓦などがあります。英語で瓦は roofing tile です。

　我が国で粘土瓦が使われたのは，蘇我馬子が創建した飛鳥寺の屋根で，百済から招いた瓦博士がつくった瓦で葺いたのが最初とされています（588 年）。現存する奈良 元興寺極楽坊の屋根の一部には，当時の飛鳥寺の瓦が移設されて遺っています。

　寺院や宮殿の本格建築では，曲率が小さい凹面の平瓦と，曲率が大きい半円形の丸瓦を交互に重ねる本瓦葺きが基本的な構成です。本瓦葺の軒には軒平瓦と軒丸瓦が使われますが，それらの瓦には建物を代表する紋様がつけてあります。

　奈良時代になると寺院や宮殿の屋根瓦が量産されるようになりました。平城京では 500 万枚を超える瓦が使われたということです。屋根の反は鎌倉時代にはじまったそうです。

　屋根の棟瓦を甍と呼びますが，瓦葺きの屋根全体をいうこともあります。鴟尾，鯱瓦，獅子口，鬼瓦など多様な飾り瓦も重要です。

　現在の日本建築で使われている波形断面の桟瓦は，江戸時代に考案されました（1676 年）。江戸では大火が続いたので，表通りの商店には瓦葺きが奨励されました。

和瓦の生産量は愛知県の三州（三河の国）瓦が全体の1/3と圧倒的です。それに続いて島根県の石州（石見の国）瓦と兵庫県淡路島の淡路瓦が1/6ずつを占めています。どの産地も主力製品は釉薬瓦（glazed roofing tile）です。

焼成してつくる瓦は数百年以上の寿命がありますが，寒冷地では凍害で，海岸地域では塩の結晶が析出する塩害で破損することがあります。石州瓦は寒冷地の得意先が多いので，1,200℃でよく焼締めた釉薬瓦が主流です。やや低温で焼成する三州瓦（1,150℃）や淡路瓦（1,000℃）も釉薬瓦が主流です。現在では和瓦の製造工程は完全に自動化されていて，平均2.8kgの和瓦をトンネル窯で連続焼成してつくっています。

三州瓦や淡路瓦の産地では伝統の燻べ瓦（carbonized roofing tile）もつくられています。燻し銀のような色艶をもつ燻べ瓦は，焼成工程の末期に松葉などを燻して表面に黒鉛層を形成させた瓦で，釉薬瓦よりも高値で売買されています。現在のトンネル焼成窯では，最終段階でプロパンなどの炭化水素を不完全燃焼させて黒鉛の薄膜を付けています。CVDプロセス（化学的気相蒸着法）です（176頁参照）。

阪神淡路大震災では古い木造建物が軒並みに倒壊して瓦の信用が失墜しました。しかし現在では，震度7以上の地震でも安全な軽量粘土瓦が製造されています。瓦を釘で固定するなど，安全工法のガイドラインもつくられました。

愛知県高浜市には「かわら美術館」が，滋賀県近江八幡市には「かわらミュージアム」が，鬼瓦の名産地・愛媛県今治市菊間には「かわら館」が，京都府大江町には「大江山鬼瓦公園」があります。

新しい屋根材である新生瓦は，無機充填材と無機繊維にセメントモルタルやアスファルトその他の有機結合材料を加えて，プレス成形や押出し成形してつくる焼成しない瓦です。新生瓦と類似の材料を押出し成形法で加工した波板が，工場・倉庫・体育館，プラットホームなどの屋根に使われています。新生瓦は焼成瓦に比べて寿命は短いのですが，自由な形に加工できて軽量ですから需要が伸びています。

煉　瓦

　諸外国では古代から，煉瓦（brick）が構造物の外壁用に，敷煉瓦が道路や建物の床に使われてきました。中国では敷煉瓦のことを塼といいます。
　地震が多い日本では，江戸末期まで煉瓦建築も敷煉瓦もありませんでした。我が国で最初の煉瓦建築は，徳川幕府がオランダ政府の協力で長崎飽ノ浦に建設した長崎鎔鐵所の建物です（1861年）。建設主任技師の海軍機関将校ハルデスは，煉瓦の製造方法まで指導したそうです。三菱重工業㈱長崎造船所の史料館には，当時製造した赤煉瓦が展示されています。
　明治5年（1872年）に竣工した官営富岡製糸場は，我が国で最初の洋式生糸製造工場です。製糸場の建物は，木の骨組みに煉瓦を積んだ和洋折衷の木骨煉瓦構造です。フランスから招いた当時30歳の技師ブリューナは，当時行われていた日本の糸繰り技術をよく観察したのち，工場の建物や設備を設計しました。建物の基礎に使った石材は近隣の石切場から運びました。骨組みの木材は当局の許可を得て，妙義山の御神木を伐採して使いました。117万個の煉瓦は隣町の瓦職人がフランス製煉瓦を見本に，見よう見まねで製造しました。煉瓦を接合するセメントは伝統の漆喰で代用しました。屋根には200万枚の桟瓦を葺きました。建物のガラス窓，300台の糸繰り機，原動力の蒸気機関と石炭釜はフランスから輸入しました。この建物は1987年まで使われましたが，現在は産業遺跡として保存されていて，世界遺産への登録運動が進んでいます。
　明治初期には小さな煉瓦工場が乱立し，焼成温度が低くて強度が足りない煉瓦が生産されました。鹿鳴館時代の丸の内や銀座通りには赤煉瓦建築が林立しました。関東大震災でそれらが軒並みに倒壊したため，煉瓦の需用が激減しました。しかし現在では煉瓦の品質が向上して耐震設計技術が進歩したので，赤煉瓦建築の人気が復活しています。
　明治23年（1890年），埼玉県深谷野木町の下野煉瓦製造会社がドイツからホフマン式煉瓦焼成窯を導入して量産を開始しました。この窯は12の炉室を円形に配置して順に焼成を繰り返します。この窯は1971年まで使われましたが，現在は産業遺跡として保存されています。
　煉瓦のJIS規格寸法は，$210 \pm 6\,mm \times 100 \pm 3\,mm \times 60 \pm 2.5\,mm$ です。

京都府東舞鶴の「市立赤れんが博物館」には，メソポタミア以来の世界各地でつくられた煉瓦が展示されています。

タイル

タイル（tile）は建造物の内壁や外壁そして床に貼付ける「やきもの」で，諸外国では古代からモザイクタイルが使われていました。古代ローマ時代には色石でつくったモザイク画が町の壁や歩道にあふれていました。

外装タイルや床タイルには，強固で水を透さない炻器質の素地が適しています。煉瓦に似た外観の煉瓦タイルもつくられています。コンクリート構造物の表面をタイルで覆うと，コンクリートの中性化速度を1/4-1/5にすることができます。

厨房や浴室の内壁などに使われる内装タイルはデザインが重視されます。デザインタイルはイタリアが本場で，日本は大量の製品を輸入しています。

我が国では大正13年（1924年）に伊那製陶㈱（現㈱INAX）が創業し，乾式成形タイルの本格的生産がはじまりました。現在のタイルは調合した原料粉体を機械プレスで成形して，印刷・施釉しています。タイルは素地が薄いので，回転ロールを並べて品物を搬送しながら加熱するローラーハースキルン（roller hearth kiln）で焼成しています。愛知県常滑に「世界タイル博物館」があります。

壁　材

木造住宅で採用されているモルタル外壁は，防水シートとラス（lath）と呼ばれる金網の下地を張ってその上にモルタルを吹き付けてつくります。

現場で簡単に取り付けできる外壁材（新生外壁材）には，金属系とセラミックス系とがあります。金属系外壁材はアルミ製品が主流です。サイディング（羽目板，siding）と呼ばれるセラミックス系の新生外壁材は，外観が煉瓦やタイルそして天然の岩石とよく似たものや，形状や色彩がいろいろな製品が市販されています。それらは日曜大工程度の腕があれば取り付け作業ができます。サイディングは珪酸カルシウムや無機繊維にセメントや有機系接着剤を加えてローラー成形や押出し成形でつくるものが多いようです。

珪酸カルシウム製品は，石灰とシリカあるいはポルトランドセメントを主原料にして，オートクレーブで 170-250℃の飽和水蒸気圧下で処理して得られる材料の総称です（156 頁参照）。珪酸カルシウム系材料は軽量・多孔質で断熱性が優れているので，低層～中層建築の外装材料，高層建築の間仕切りなどに広く採用されています。

石膏ボード（plasterboard）は安価で，カッターナイフや鋸で容易に加工できるので，中低層建築の内壁や天井に広く採用されています。表面の体裁が優れている化粧石膏ボード，ガラス繊維を混合した強化石膏ボード，シージングボード（堰板，sheathing board）など各種製品が市販されています。石膏ボードは第二次大戦後開発された商品です。原油に含まれている硫黄を回収した石膏を原料として，自動生産設備で連続成形してつくります（66 頁参照）。

現在では石膏ボードのリサイクルが問題となっています。

アルミサッシ

アルミサッシ（窓枠，sash）は第二次大戦後急速に発達した代表的建材の一つです。アルミニウム合金（シリコンなどをかなり含む）を押出し成形法で複雑な断面形状の製品に加工した材料を，組み合わせてつくります。防弾，防犯，耐火など，高強度を要求される場合には鋼材のサッシが採用されますが，住宅や低層ビルの窓，窓枠，出入り口，列車やバスの窓枠などのすべてがアルミサッシに置き換わってしまいました。

金属アルミニウムは腐食しやすいのが欠点で，表面に酸化皮膜（アルマイト®）を形成させて腐食を防止しています。アルミニウムの陽極酸化処理は，理化学研究所の宮田聡が大正 13 年（1924 年）に発明しました。アルミニウムを陽極として，硫酸や蓚酸の溶液中で電解酸化処理すると，水酸化アルミニウムの皮膜が生成します。この皮膜は多孔質ですから顔料を細孔に電着させたのち，封孔処理（高圧水蒸気中で加熱）すると強固な着色酸化皮膜が形成されます。

昔の住宅の窓枠は木製が普通で，板ガラスを枠に固定するにはパテ（pate，亜鉛華，ZnO を乾性油で練ったもの）を使っていました。パテのような品物をシール（封止，seal）材と呼びます。現在ではパテの代わりに，無機粉体を珪素樹脂

（silicone）などに混練した複合シール材が広く採用されています。

人工大理石

　外観を重視する人工石材を人工大理石と呼んでいます。浴槽，洗面台，調理台などには，無機質の充填剤と合成樹脂を混練して成形し硬化させてつくる人工大理石が，たくさん採用されています。充填剤としては，天然大理石や美麗な岩石の粒子や粉末，水酸化アルミニウム（Al(OH)$_3$），燐片状に加工したガラス粉末などが使われています。結合剤としては，ポリエステル樹脂，アクリル樹脂，エポキシ樹脂などを使います。熱可塑性樹脂を用いた人工大理石は，加熱して任意の形状に加工できます。

　高級な人工大理石「ネオパリエ®」については102頁で説明します。

衛生陶器

　衛生陶器（sanitary ware）の研究は，日本陶器合名会社で大正2年（1912年）からはじまりました。大正7年には九州 小倉に東洋陶器㈱（現 TOTO㈱）が設立されて，衛生陶器の製造を開始し，大正10年にはトンネル窯を導入して量産を開始しました。

　大便器の断面形状は複雑で一体成形が無理なので，上下に分けて泥漿鋳込み成形します。しばらく乾燥したのち，泥漿で部材を接合して成形品とし，これにスプレー施釉して十分に乾燥します。新鋭工場ではこれらの作業を全自動で処理しています。成形品は台車に載せて，トンネル窯で1,300℃位の温度で焼成します（素焼きはしません）。乾燥・焼成工程で10-13vol%の収縮があるので，大きい製品では変形や亀裂が生じやすいため注意が必要です。衛生陶器は素地が熔化していて釉に亀裂がないことが必要です。亀裂に黴やバクテリアが繁殖して変色するからです。

　衛生陶器の市場占有率は，TOTOが6割，INAXが3割とほとんど固定しています。TOTOが1982年に開発した温水洗浄便座「ウォッシュレット®」は，第二次大戦後の庶民的大発明の一つです。

セメントとコンクリート

4.1 無機接着剤

接　　合

　道具，機械，建造物などの多くは，種類が異なる多数の部品（パーツ，parts）からできています。それらの部品は，ネジ，ボルト，ナット，鋲(びょう)，釘，木ネジ，嵌(は)め合わせ，貼(は)り合わせ，鑞(ろう)付け，熔接，接合などの方法で取り付けたり，縄や紐(ひも)で縛(しば)ったりと，いろいろな手法で組み立てています。

　部品を組み立てる作業法の一つに，接合があります。接合（bonding, joining）するための物質を，接着剤とか糊と呼んでいます。英語では，接着は adhere, 粘着は tack, 膠は glue, 糊は paste や bond ですが，かなり混用されています。これらの英単語はシェィクスピアの時代にも使われていたということです。

　糊や粘着という言葉は中国から伝来しましたが，「接着」という単語は和製術語だそうです。接着・接合の機構は複雑・多様ですから，統一的理論で個々の現象を説明することは現状では無理です。

　セメント（cement）は，狭義では石材などを接合する無機接着剤を意味しています。広義では接合に用いる物質の総称です。

古代から使われてきた無機接着剤に石灰と石膏があります。石灰セメントに大小の骨材を混合した石灰コンクリートは，紀元前から利用されていました（76頁参照）。ポルトランドセメントは代表的な実用セメントです。セメントペースト（セメントと水の混合物）は水中でも海水中でも固化します。

石　灰

　日本列島はシルル紀から白亜紀までに形成された膨大な量の石灰岩（lime stone, $CaCO_3$）に恵まれていて，全国各地の鉱山での採掘量は2億ton/年を越えています。主な用途は，①セメント用：50％，②コンクリート骨材：16.7％，③道路骨材：7.8％，④鉄鋼精錬：10.4％，⑤石灰用：4.6％で，小計：90％となります。そのほか，さまざまな形状の炭酸カルシウムや石灰関連物質が，農業用，化学工業用，製紙工業用，ゴム・プラスチック用など多様な用途に利用されています。

　石灰石を破砕して750-950℃に加熱すると，分解して生石灰（せい）（lime, 酸化カルシウム, CaO, calcium oxide）になります（式4.1.1）。この反応が進行するには多量の熱量（177.9 kJ/mol）を供給する必要があります。生石灰を空気中に放置すると，水や炭酸ガスを吸収して水酸化カルシウムと炭酸カルシウムになります。生石灰に水を加えると発熱（66.7 kJ/mol）して，消石灰（しょう）（slaked lime, 水酸化カルシウム, $Ca(OH)_2$, calcium hydroxide）ができます（式4.1.2）。多量の水を注ぐと，消石灰が水に分散した石灰スラリー（泥漿（でいしょう）, lime slurry, 石灰乳, milk of lime）になります。石灰スラリーは古代からセメントとして使われてきましたが，作業性のよくないことが欠点です。

$$CaCO_3 \rightarrow CaO + CO_2 \qquad （式4.1.1）$$

$$CaO + H_2O \rightarrow Ca(OH)_2 \qquad （式4.1.2）$$

　生石灰は，酒の燗（かん），鰻弁当の加温，ゴキブリ燻蒸薬（くんじょう），乾燥剤などにも利用されています。消石灰は100gの水に0.126gが溶解します。消石灰を溶解した石灰水は強アルカリ性で，フェノールフタレン試薬が赤に変色します。消石灰は殺

第4章　セメントとコンクリート　　65

菌力が強いので，鶏インフルエンザ騒ぎでは鶏卵生産工場の周囲に大量の消石灰を散布しました。

炭酸カルシウムと炭酸マグネシウム（菱苦土鉱（りょうくどこう），magnesite，$MgCO_3$）の複塩であるドロマイト（苦灰岩，dolomite，$CaMg(CO_3)_2$）にも石灰と似た用途があります。

漆喰

作業性を改良した石灰スラリーを「漆喰（しっくい）」と呼んでいます。漆喰の語源は中国広東語の石灰（suk-wui）で，漆喰は日本でつくられた宛字（あてじ）だそうです。日本では作業性を改良するために布海苔（ふのり）などの海藻糊（かいそうのり）が，材料を補強するために麻糸や藁（わら）などが使われています。補強用の繊維物質を「荵（すさ）」と呼んでいます。漆喰の配合や施工法は，それぞれの地方で細かい違いがあります。

城郭（じょうかく）の天守や倉屋敷の白壁を塗った日本建築伝統の漆喰は，耐久性，耐熱性に優れていて，黴（かび）も生じません。国宝 姫路城には総延長 12,000 m の漆喰の白壁が使われていて，屋根瓦は漆喰で固定しています。台風銀座の沖縄でも漆喰で屋根瓦を固定しています。

漆喰を塗ると，水酸化カルシウムが徐々に乾燥して数時間後には強固に固結します。乾燥した漆喰は，空気中に含まれている微量の二酸化炭素（0.035％）と反応して炭酸カルシウムになって完全に硬化します。しかしこの反応が壁の奥まで進行するには長い年月を必要とします。

重要なことは，漆喰が固まると水を透過させないことです。古代ローマ帝国の水道橋は，内側に厚く漆喰を塗って水漏れを防止していました（31頁参照）。

イタリア，スペインなど地中海沿岸は日差しが強いので白い建物が多く，糊や荵にそれぞれの伝統がある漆喰が使われてきました。西欧建築では糊として膠（にかわ）を使うことが多いようです。

石　膏

　石膏（二水石膏，gypsum，$CaSO_4 \cdot 2H_2O$）を200℃位に加熱したのち，大気中で熟成して水分を吸収させると半水石膏（焼石膏，$CaSO_4 \cdot 1/2H_2O$）ができます。なお，二水石膏を500℃以上の温度に加熱すると，元に戻りにくい無水石膏（死石膏，$CaSO_4$）になります。現在では原油の脱硫で得られる化学石膏が主な原料です。

　石膏の最大用途はポルトランドセメントの急結防止剤としてです（72頁参照）。石膏ボードも大きな用途です（61頁参照）。

　半水石膏に水を加えた石膏ペーストを，プラスタ（plaster）といいます。プラスタをしばらく放置すると水和して二水石膏になり固化するので，漆喰に似た用途に使われています。二水石膏の耐久性や耐候性は漆喰に比べてずっと劣るのですが，プラスタの作業性は漆喰よりかなり優れています。

　プラスタは，家屋の壁塗り，骨折や歯の治療，デスマスクの型取り，犯人の足型取り，模型制作，発掘土器の修復，指輪の鋳造型などと広い用途があります。固化した二水石膏には無数の細孔があるので，石膏型を使う泥漿鋳込み成形技術が陶芸に利用されています。我が国でプラスタが広く使われるようになったのは明治中期からです。

4.2　ポルトランドセメント

実用セメント

　現在世界中で量産されているセメントのほとんどはポルトランドセメント（Portland cement）です。この名前は，水和・凝固した構造物の外観がポルトランド島産の石材に似ていたことに由来しています。ポルトランドセメントはアスプディン（J.Aspdin）が発明したとされています（1824年頃）が，実際にはそれ以後の多くの人々が改良を加えたことによって完成しました。なお中国語では「波徳蘭水泥」と書きます。

　明治8年（1875年），東京 深川 清澄町に建設された官営セメント工場から最初の製品が出荷されました。当時の焼成窯は外形が徳利に似たボトルキルンでした。清澄町の工場跡地は現在は太平洋セメント㈱の研究所になっています。

山口県 山陽小野田市には，明治16年（1883年）に建造された高さ8.5mのセメント徳利窯が一基保存されています。この窯では秤量・配合した原料と石炭を，鋳鉄製の火床の上に交互に積み上げて火をつけ，7昼夜焼成して約10tonのクリンカー（焼塊，clinker）を製造していました。

ポルトランドセメント生産量は，1937年には612万tonでした。第二次大戦後は，1954年には1,000万ton，1970年には5,719万tonと順調に増加しました。現在では世界中で年間約15億tonが消費されています。現在の我が国は年間約8,000万tonを生産していて，ほぼ全量が国内で消費されています。セメントの年生産額は約7,000億円，生コンが約2兆円，コンクリート製品が約1兆円程度の市場規模です。

ポルトランドセメントを使ってつくるコンクリートは，高性能で安価，大型構造物を構築できる唯一の無機材料です。ポルトランドセメントに代わるセメントを開発することは将来も全く期待できません。

ポルトランドセメントの組成と原料

ポルトランドセメントの性質を決める重要な因子の一つが化学組成で，それぞれの用途に応じて配合を変えるのです。

表4.2.1は代表的なポルトランドセメント製品の化学組成です。これらの原料を焼成して得られる各種ポルトランドセメントは，数種類の複雑な化合物の混合物です（表4.2.2）。

表4.2.1　ポルトランドセメントの化学組成（wt%）

種類	CaO	SiO_2	Al_2O_3	Fe_2O_3	MgO	SO_3	その他	合計
普通セメント	65.0	21.9	5.3	3.2	1.2	1.9	1.5	100
早強セメント	65.6	21.0	4.9	2.9	1.2	2.7	1.7	100
耐硫酸塩セメント	65.2	23.6	3.4	4.0	0.9	1.7	1.2	100
低熱セメント	62.2	26.0	3.0	3.1	0.9	2.3	2.5	100
白色セメント	65.4	21.8	4.5	0.2	0.5	2.5	5.1	100

セメント化学では化合物を表すのに独特の略号を使います（表 4.2.3）。水硬性が著しい主成分は，エーライト（alite，C_3S）とビーライト（belite，C_2S）です。アルミネート（aluminate，C_3A）相は，水を加えると瞬間的に凝結する厄介な化合物です。石膏（$C\bar{S}H_2$）はアルミネート相の急結現象を抑制するための凝結緩和

表 4.2.2 ポルトランドセメントを構成している主な化合物

鉱物名 mineral name	組成式 略 号	特 性
エーライト alite	$3CaO \cdot SiO_2$ C_3S	強度発現は最大，反応は早い，水和熱は大
ビーライト belite	$2CaO \cdot SiO_2$ C_2S	強度発現は大，反応は遅い，水和熱は小
アルミネート相 aluminate	$3CaO \cdot Al_2O_3$ C_3A	強度発現は小，反応は瞬間的，水和熱は最大
フェライト相 ferrite	$4CaO \cdot Al_2O_3 \cdot Fe_2O_3$ C_4AF	強度発現は小，反応は遅い，水和熱は中
石膏 gypsum	$CaSO_4$ $C\bar{S}$	急結現象を抑制する

表 4.2.3 セメント化合物の略号

略 号	化合物	略 号	化合物
C	CaO	C_3S	$3CaO \cdot SiO_2$
A	Al_2O_3	C_2S	$2CaO \cdot SiO_2$
F	Fe_2O_3	C_3A	$3CaO \cdot Al_2O_3$
S	SiO_2	C_4AF	$4CaO \cdot Al_2O_3 \cdot Fe_2O_3$
$\bar{S}$	SO_3	CH	$Ca(OH)_2$
H	H_2O	$C\bar{S}H_2$	$CaSO_4 \cdot 2H_2O$（石膏）

表 4.2.4 ポルトランドセメントの化合物組成（wt%）

種 類	C_3S	C_2S	C_3A	C_4AF	$C\bar{S}$
普通セメント	52	23	9	10	3
早強セメント	63	13	8	9	5
耐硫酸塩セメント	53	28	2	12	3
低熱セメント	24	56	3	9	4
白色セメント	63	15	12	1	4

剤として添加します。酸化鉄を含むフェライト（ferrite）相の水和は反応が遅くて発熱が少なく，フェライト相が増えるとコンクリートの耐硫酸塩性は向上します。

それら化合物の比率はセメントの用途によって違います。つまり用途に応じて比率が違うセメントを製造するのです（表 4.2.4）。

原料の粉砕と焼成

ポルトランドセメントの原料は，石灰石，粘土，珪石，酸化鉄成分で，それらを製品の組成になるように秤量し，粉砕・配合して焼成します。セメント用の石灰石は全部国内で調達できます。たとえば秩父の武甲山は全山が石灰石で100年くらいは採掘できます。採掘して破砕した砕石はコンベアで工場に搬送して微粉砕します。微粉砕には直径が 4-5 m もある大型チューブ・ミルと粉末を分級するセパレーターを併用します。ミルの中には大小のボールが入っています。粉砕機の効率は非常に悪くて，理論値の1%にも達しません。原料の粉砕や混合の工程はすべて乾式です。工場の運転は完全に自動化されています。

ポルトランドセメントを1ton製造するには，石灰石が1.15ton，粘土その他の原料が 0.35 ton，合計 1.5 ton の原料と大量の燃料が必要です（表 4.2.5）。

表 4.2.5　ポルトランドセメント 1ton をつくるのに要する原料と燃料

石灰石	1,150 kg		石　膏	30 kg
粘　土	220 kg		石　炭	120 kg
珪　石	50 kg		重　油	7 ℓ
酸化鉄原料	30 kg		電　力	119 kWh
その他	10 kg			

焼成には熱効率が高い NSP（new suspension pre-heater，空気懸濁式予熱装置）を備えた連続回転炉（ロータリー・キルン，rotary kiln）が使われます（図4.2.1）。

現在の回転炉は直径 4-6 m，長さ 60-100 m，傾斜が 3-4% で，毎分 2-4 回転しています。最大の回転炉は1日 8,000 ton の焼成能力をもっています。回転炉の中で起きる現象を図 4.2.2 で説明します。

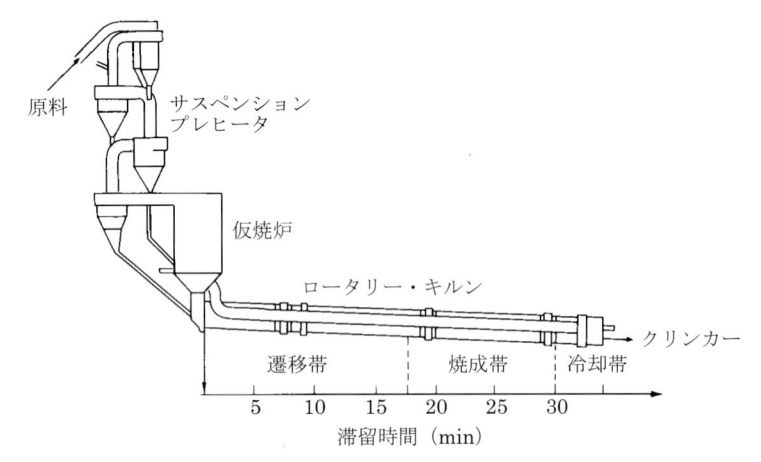

図 4.2.1　NSP付きロータリー・キルンの概念図

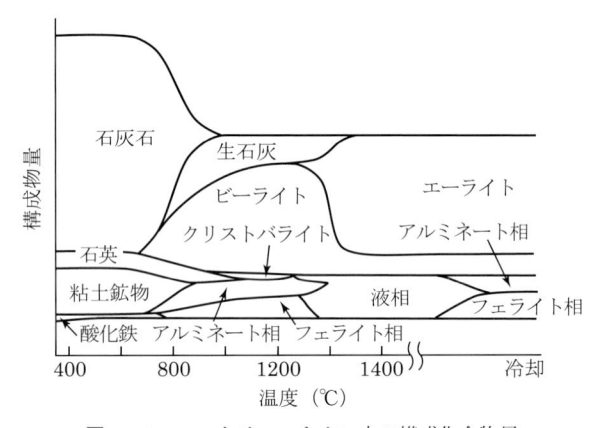

図 4.2.2　ロータリー・キルン内の構成化合物量

　サスペンション・プレヒータでは粘土が脱水・分解されます。仮焼炉では石灰石が分解・脱炭酸されます。回転炉の焼成帯では，原料が反応してセメント化合物のビーライトが生成します。焼成帯後半部の最高温度は 1,450℃で，セメント化合物のエーライトが生成します。また原料の一部が融解して少量の液相が生成して，反応を促進して硬く焼結したクリンカー（clinker，焼塊）ができます。冷却帯では融液が結晶化してアルミネート相やフェライト相ができて，直径

1cm 程度のクリンカーとなって回転炉から排出されます。

　クリンカーは振動コンベアで急冷したのち，数％の石膏を加えて 3-30μm の粒径に微粉砕して製品とします。石膏を添加する理由は，急結現象の防止です。石膏を添加しないと，水を加えた瞬間に固まってしまうからです。この技術は明治後期に開発されました。

ポルトランドセメントの水和と硬化

　ポルトランドセメントの水和・凝固・硬化の過程は詳細に研究されています。セメントに水を加えると，水和反応が起こって数時間後に凝固し，28 日後に標準強度に達し，1 年後に反応がほぼ完結します。

　図 4.2.3 は，セメントの複雑な水和・凝固・硬化反応過程の模式図です。

　ポルトランドセメントの水和反応に関係する化合物と，主な反応について説明します。

　エーライトはセメントの主成分で，C_3S に少量の MgO，Al_2O_3，Fe_2O_3 などを固溶しています。エーライトの水和生成物は，珪酸カルシウム水和物の微細なゲル（C-S-H ゲル）と水酸化カルシウムの結晶です。このゲルの組成やゲル粒子の形状はかなり広い範囲で変化します。C-S-H ゲルの代表的な組成が $C_3S_2H_3$ です。

$$2C_3S + 6H_2O \rightarrow C_3S_2H_3 + 3Ca(OH)_2 \qquad (式 4.2.1)$$

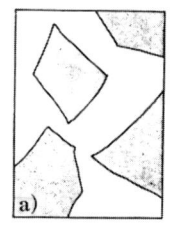

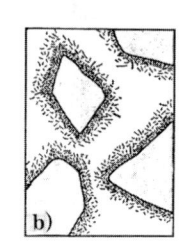

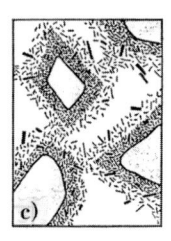

a) 混合直後　　b) 6 時間後　　c) 7 日後　　d) 1 年後

図 4.2.3 セメントペーストが，水和・凝結・硬化する過程の模式図

H.F.W.Taylor,"The CHEMISTRY of CEMENTS", ACADEMIC PRESS, LONDON and NEW YORK (1964)

ビーライトはエーライトに次いで多い成分で、C_2S に 5 % くらいの Na_2O、K_2O、MgO、Al_2O_3、Fe_2O_3 などを固溶しています。ビーライトの水和反応はエーライトの反応によく似ていますが、反応が遅くて $Ca(OH)_2$ の生成量が少ないのが特徴です。

$$2C_2S + 4H_2O \rightarrow C_3S_2H_3 + Ca(OH)_2 \qquad (式\ 4.2.2)$$

アルミネート相の C_3A は水との反応性が高いので、凝結挙動に大きく影響します。石膏が存在しないとセメントは混練中に固まってしまいます。十分な量の石膏が共存すると、まずエトリンガイト（ettringite、$C_3A \cdot 3CaSO_4 \cdot 32H_2O$、トリサルフェート水和物）が C_3A 粒子の周囲を覆って、水を加えた直後の硬化を抑えます。さらに数時間後にはエトリンガイトが大きな針状結晶に成長して、それが絡み合うことによって流動性が著しく低下するのです。

$$C_3A + 3CaSO_4 + 32H_2O \rightarrow C_3A \cdot 3C\bar{S} \cdot H_{32} \qquad (式\ 4.2.3)$$

フェライト相の C_4AF は、C_6A_2F から C_2F の範囲の固溶体です。フェライト相の水和反応生成物は、石膏が存在するときは C_3A と同様ですが、珪酸イオンが存在すると反応が停止してしまいます。

現実のセメントでは、これら 4 種類の水硬性化合物と石膏が共存していて、それぞれの反応が相互に複雑に影響を及ぼしながら水和・凝固・硬化が進行するのです。

図 4.2.4 は、ポルトランドセメントの水和反応の進行状況を表しています。

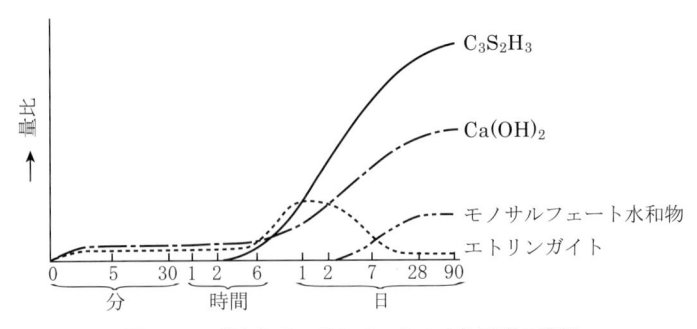

図 4.2.4　ポルトランドセメントの水和反応の進行

石膏がなくなって水溶液中の硫酸イオンの濃度が低下すると、エトリンガイトが不安定になって、C_3A と反応してモノサルフェート水和物（$C_3A \cdot C\bar{S} \cdot H_{12}$）に変わります。

$$2C_3A + C_3A \cdot 3C\bar{S} \cdot H_{32} + 4H_2O \rightarrow 3(C_3A \cdot C\bar{S} \cdot H_{12}) \qquad (式\ 4.2.4)$$

特殊ポルトランドセメント

超早強セメントは緊急工事やトンネルなどの吹き付け工事に使われています。このセメントはポルトランドセメントと同じ装置で製造され、通常の原料のほかにボーキサイト（bauxite, $Al(OH)_3$）と蛍石（fluorite, CaF_2）が使われます。生成するクリンカーの組成例は、$C_3S : 50\%$、$C_2S : 2\%$、$C_{11}A_7CaF_2 : 20\%$、$CaF_2 : 5\%$ です。これに石膏を加えて、ポルトランドセメントよりも細かく粉砕して製品にします。$C_{11}A_7CaF_2$ は水を加えると数分後には硬化がはじまります。超早強セメントのモルタルは、1日で普通ポルトランドセメントの7日後の強度を達成できます。

膨張セメントは、硬化にともなって適度に膨張してひび割れを防ぎ、あるいは埋め込まれた鋼線に緊張力を与えるなどの目的で使われます。

油井セメントや地熱井セメントは、高温・高圧の過酷な水熱条件下で使用できるように、反応性を抑えてスラリーの粘性を低くしたセメントです。そのため強力な遅延剤や珪石粉末などを混合し粒子を粗くしてあります。

白色セメントは鉄分の少ない原料を使って製造します。着色セメントは白色セメントに各色の顔料を加えてつくります。

この他にも、耐硫酸セメント、低熱セメント、重量セメントなどいろいろありますが、省略します。

混合セメント

単独では固化しないのですが、ポルトランドセメントと混合すると強固な水和物をつくる物質があります。このような物質とポルトランドセメントとの混合物

を，混合セメント（blended cement）といいいます。

高炉セメント（blast-furnace slag cement）は，粉砕したポルトランドセメントクリンカーに，粉砕した高炉水砕スラグを5-70％と，数％の石膏を混合したセメントです。高炉セメントは水和による発熱が少なくて，硬化体の化学抵抗性が大きいので土木工事で広く使われています。

シリカセメント（silica cement）は，ポルトランドセメントクリンカーに石膏と5-30％の珪酸質混和材を混合し粉砕したセメントです。混和材としては天然産の無定型シリカを主成分とするポゾラン（火山灰, pozzolan）や酸性白土（acid earth）などが使われています。

フライアッシュセメント（fly-ash cement）は，ポゾランの代わりに微粉炭燃焼の火力発電所で発生する微細な灰を混合したセメントです。

混合セメントは，経済面でも性能面でも単なる混合物以上の存在価値があるので，大型土木工事に利用されています。

アルミナセメント

アルミナセメントはアルミナ成分を50％以上含むセメントで，ポルトランドセメントとは組成域が違います（図4.2.5）。アルミナセメントを構成している主成分は，CA，CA_2，$C_{12}A_7$ ですが，CA の性質がもっとも優れています。そこで

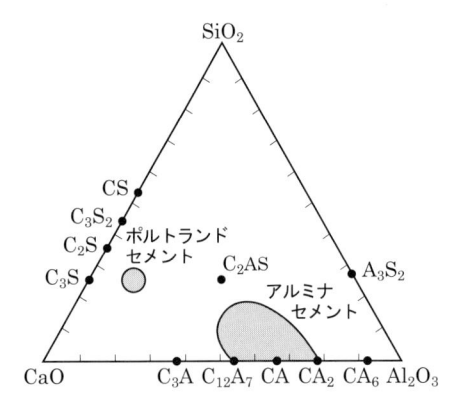

図4.2.5　ポルトランドセメントとアルミナセメントの組成範囲（モル比）

石灰石とボーキサイトからなる原料混合物を電気炉で1,400℃以上に加熱して，CAが最大になる条件で製造します。石膏は加えません。

このセメントは高価ですが，特殊な用途には不可欠です。ポルトランドセメントは酸に弱いのが欠点ですが，アルミナセメントは化学的抵抗性が優れていてpH4まで耐えるので化学工場の床などに使われます。70%以上のAl_2O_3を含むアルミナセメントは耐火性が優れているので，築炉工事用セメントやキャスタブル耐火物として重要です（153頁参照）。

4.3 コンクリート

セメントペースト，モルタル，コンクリート

ポルトランドセメントは水を加えると水和して固まる性質があります。これを水硬性といいます。

セメントと水の混合物をセメントペースト（paste）といいます（図4.3.1上）。セメントペーストは水中でも海水中でも固化しますが，セメントペーストが固まるのはセメントが水和するからで乾燥するからではありません。骨材を使用しないセメントペーストは収縮が大きいので，これで大きな構造物をつくると随所にひび割れを生じてしまいます。

目地材として，壁塗り，壁の吹き付けなどに用いるモルタル（mortar）は，ポルトランドセメントと水と砂を混ぜてつくります（図4.3.1中）。住宅や中小のビルでは，外壁工事，床工事，内装工事でモルタルを使う作業が随所にあります。道路の切り通しやトンネル壁面の工事では，モルタル吹き付け作業がたくさ

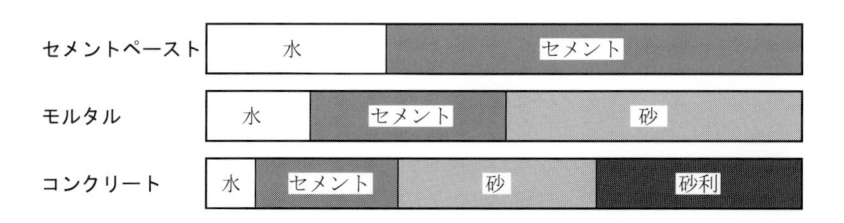

図4.3.1 セメントペースト，モルタル，コンクリートの組成（重量比）

んあります。モルタルの物性や作業性は，有機高分子物質を混合することで改善できます。引っ張り強度は繊維質材料を混ぜることで強化できます。ホームセンターにはセメントと砂に有機高分子物質や繊維質材料を添加したモルタル原料が並んでいます。定量の水を加えて混練すれば，すぐに使いやすいモルタル接着剤ができるので便利です。

コンクリート（混凝土，concrete）はセメントと粗骨材（砂利）と細骨材（砂）と水を混練してつくります（78頁参照）。コンクリートの中では，骨材が65-75％を占め，その隙間をセメントペーストが埋めています。セメントが占める割合は9-15％程度です（図4.3.1下）。

古代のコンクリート

石灰質セメントは昔から世界各地で使われてきました。石灰セメントに骨材を混合した石灰コンクリートの起源は，新石器時代まで遡ることが分かってきました。

世界最古の石灰コンクリート（厚さ：3-8cm，面積：180m^2）が，イスラエル 南ガレリア地方のイフタフ（Yiftah el）で1985年に発見されました。これが研究された結果，9,000年前に構築された建物の床は，圧縮強度が15-60MPaであることなどが分かりました[*1]。

中国の西安と蘭州の中間に位置する5,000年前の大地湾遺跡で，1980年代に石灰コンクリートが見つかりました。住居の床面から採取した試料についての圧縮強度試験の結果は10.8MPaでした。これをつくった石灰セメントは遺跡の北方で採れる料彊石を焼成したと推定されて，再現実験が行われて確認されました。料彊石は炭酸カルシウムを主成分とする岩石で，多量の粘土を含有しています[*2]。なお中国語ではコンクリートを「混凝土」と書きます。

---

*1：R.Malinowski et al著，長滝重義 ほか訳注，「新石器時代にも高強度コンクリートがあった」，セメント・コンクリート，No.519，May（1990年）

*2：浅賀喜与志ほか，「5000年前のセメントの謎」，セメント・コンクリート，No.633，Nov（1999年）

*3：小林一輔 著，『コンクリートの文明史』，岩波書店，（2004年）

古代ギリシャには，二枚の石壁の間に大小の粗石と石灰モルタルを流して固める工法「エンプレクトン工法[*3]」がありました。古代ローマ人はこれを改良して石壁とコンクリートを一体化して分厚い壁をつくる技術「オプス・カイメンティキウム工法[*3]」を開発しました。この工法は，二枚の石積み外壁の間にモルタルを流し込んで，その上に割石を敷きつめて棒で突いて，モルタルの中に割石を押し込んでコンクリートにします。これを繰り返して壁をつくる工法はモルタルを先に入れるので隙間がない頑丈な壁ができます。二枚の石壁の代わりに，モルタルを目地材として煉瓦を積み上げて型枠とする工法もよく使われました。

古代ローマ帝国では貝殻などを焼く石灰窯が稼働していました。古代ローマのコンクリートは，石灰セメントに凝灰岩や火山灰と水を混ぜたポゾランコンクリートが主流で，火山灰に石灰を混ぜたモルタルで石材を接合していました。水で固まるモルタルの標準混合比は，石灰：1に対して，火山灰：2，水：0.5でした[*3]。

古代ローマ人は多神教の信者で，諸神をまつるパンテオン（万神殿，汎神殿，pantheon）を版図の各地に建造しました。首都ローマにはハドリアヌス帝が125年に建造して，現在でも内部を見学できるパンテオンがあります。

このパンテオンは直径：43.8 mの球体がすっぽりと収まる構造物で，半球形のコンクリート製ドームが，高さ：30 m，厚さ：6.5 mの巨大なコンクリート製の円筒上に載っています。この円筒は幅：7.3 m，深さ：4.5 mの基礎の上に建造されています。

パンテオンのドームは比重が違う骨材を使っています。丸天井の下部の骨材は凝灰岩で，頂部は凝灰岩と軽石を混ぜて使っていますが，頂部骨材の比重は下部骨材の比重の2/3です。これに加えてドームの厚さを，肩の部分の6 mから頂部の1.5 mまで段階的に薄くして，ドームの曲げモーメントが均一になるように工夫しています。当時のローマ人はこれだけの構造物をわずか7年の工期で仕上げました[*3]。このようなドームはコンクリート構造だからこそ建造できたので，石造では建造不可能です[*3]。

古代ローマ帝国の石灰コンクリート技術は，西ローマ帝国が滅亡（476年）した後は完全に忘れ去られてしまいました。中世に建造された壮麗な教会はすべて石造構造物で，コンクリート構造物ではありません。

コンクリートの強度

コンクリートの強度は圧縮強度で表示します。これはコンクリートの引張り強度が圧縮強度の 1/10-1/13 程度，曲げ強度は圧縮強度の 1/5-1/8 程度に過ぎないからです。同じセメントからつくるコンクリートでも強度は同じではありません。十分制御して調合すると非常に高強度の材料ができます。普通のコンクリートの圧縮強度 σ は 10-40 MPa 程度ですが，最新の超高層ビルでは，圧縮強度が 80-200 MPa もある高強度コンクリートが採用されています。

コンクリートは，セメント，水，骨材の比率が適当でなければ十分な強度を発揮しません（図 4.3.2 左）。コンクリートの圧縮強度 σ は，セメント／水比（C/W比）に比例します（図 4.3.2 右）。セメントが少ないコンクリートが弱いのは理の当然です。水が少な過ぎれば局所的に固まってペースト状になりません。水が多すぎると，つまり水っぽいコンクリートは品質が悪くて強度が低下します。セメントペーストは硬化が進んでも，骨材と比べると機械的・化学的性質が劣るので，セメントペーストは骨材の表面をよく潤す程度以上は加えません。骨材とセメントと水は十分に混合しなければいけません。

コンクリートは原料を混練・注入してから日数（材齢，材令）を重ねるほど圧縮強度が増加します。材齢1年の強度を 100 とすると，材齢3日の強度は 40，材齢7日の強度は 60，材齢 28 日の強度は 80 程度です。コンクリートの標準強度には材齢 28 日の強度を採用します。

水で練ったばかりで固まっていないコンクリートを，生コンクリートとかフ

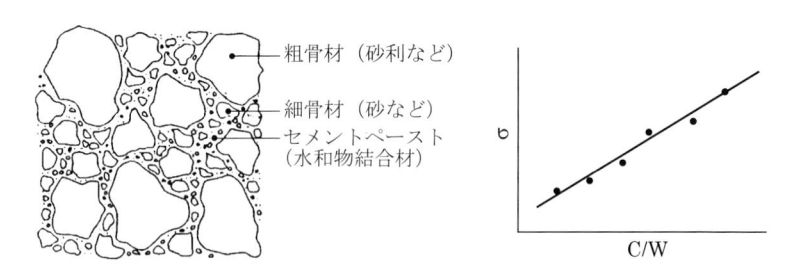

図 4.3.2 （左）コンクリートの断面模式図（右）コンクリートの圧縮強度とセメント／水比との関係

レッシュコンクリートといいます。生コンクリートの価格は 4,000-8,000 円／ton（10,000-20,000 円／m³）です。現在では，生コンプラントで原料を正確に秤量・調合してよく混練した生コンを，ミキサー車（正しくはアジテータ車）で現場に運んでいます。JIS には「生コンクリートは製造開始後 90 分以内に納入しなければいけない」という規定があります。

現場に到着した生コンは，コンクリートポンプ車を使って型枠に流し込むという作業方式が一般的です。施工では，バイブレータで生コンに振動を与えて型枠の隅々まで行きわたるように注入します。コンクリートポンプの圧送能力は水平距離で 600 m 程度，垂直距離で 100 m 程度，圧送量は 80 m³／時間程度が最高です。

混和剤

コンクリートの凝固速度は微量物質の添加によっても影響を受けます。たとえば少量の砂糖水を加えると固化が遅れます。

現在では界面活性作用によってコンクリートの物理的化学的性質を大きく変化させる各種混和剤が市販されています。たとえば，防錆剤，急結剤，凝結遅延剤，硬化促進剤，起泡剤，発泡剤，弾性付与剤，膨張剤，流動化剤，防水剤，撥水剤などです。

流動性が悪い生コンクリートの問題を解決するため，高性能の減水・流動化効果を発揮する AE 減水剤（空気連行剤，air entraining agent）が開発されています。少量の AE 減水剤を加えた生コンは，独立した微小な空気の泡（φ 0.025-0.25 mm）を均一に分布させて，この気泡がベアリングの役割を演じてコンクリートの作業性（workability）を向上させます。AE 減水剤は陰イオン界面活性剤やバイオポリマーで，20％減水しても流動性が改善されます。シリカフューム（球状超微粒子，fume）を混合することも有効です。

鉄筋コンクリート（RC）

コンクリートは圧縮強度が大きいのですが，引張りに弱いという欠点があります。これを改善する代表的技術が鉄筋コンクリート（RC, reinforced concrete）

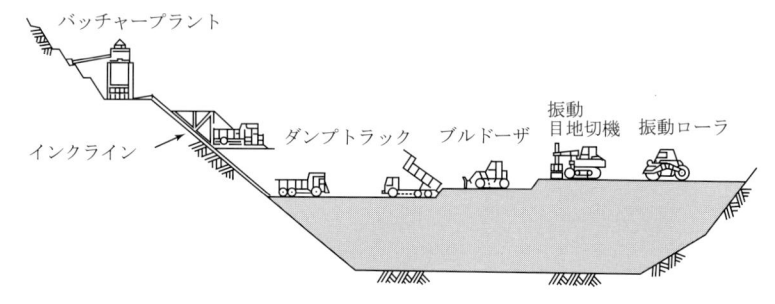

図 4.3.3　宮ヶ瀬ダム建設工法の模式図

です。鉄筋は圧縮強度は小さいが引張りに強いので，互いに補強ができて，熱膨張率もコンクリートと同程度ですからよく接合します。

黒四ダムなど，大型構造物の本体は無筋コンクリートでつくられています。ただし内部にあるトンネルや水路取り付け部分など構造物の周囲は鉄筋コンクリート構造です。明石海峡大橋の海中部分の基礎は無筋コンクリートですが，橋脚部分は鉄筋コンクリート構造です。

宮ヶ瀬ダムは丹沢山塊の中津川上流に建設した重力式多目的ダムで，1997年に完成しました（図 4.3.3）。ダムの堤高は 155 m，堤頂部の長さは 400 m，堤の体積は 200 万 m^3，総貯水量は箱根芦ノ湖と同程度です。この工事では大規模なインクライン（斜面搬送，incline）工法と RCD（roller compacted dam）工法が採用されました。前者はケーブルカーのように 2 台の荷台をつないだ構造で，20 ton ダンプカーを載せた荷台がレールの上を交互に上昇・降下します。堤体上部のバッチャープラントで製造した超固練り生コンクリートをダンプカーに積み，打設箇所まで斜面を交互に降下して自走して生コンを降ろします。このコンクリートをブルドーザで 75 cm の厚さに敷き均らして，目地板を挿入して 10 ton の振動ローラで転圧・締固めを行いました。霞が関ビルの 4 倍に匹敵するダム堤体を建設するのに 38 ヵ月ですみました。

繊維強化コンクリート（FRC）

繊維で強化したコンクリート（FRC, fiber reinforced concrete）が実用され

ています.繊維としては,ガラス繊維,炭素繊維,鋼繊維,ビニロン®のようにアルカリに強い高分子繊維などいろいろです.短繊維を混入して使うこともありますし,長繊維を束(たば)ねたり編物や織物の形で使用する場合もあります.

炭素繊維強化コンクリート(CFRC, carbonfiber reinforced concrete)は有望です.炭素繊維は高強度・高弾性・軽量で,耐食性・耐アルカリ性に優れていて,コンクリートと互いによく接合します.量産が進んで価格が低下したので,鉄筋に代わる強化材としての利用が本格化しています.吹き付け用コンクリートとして,また新幹線橋脚の補強工事などにも使われています.

プレストレスト・コンクリート (PC)

コンクリート製品にあらかじめ圧縮応力を与える,プレストレスト・コンクリート(予圧式コンクリート,PC, pre-stressed concrete)工法が広く採用されています.PC 工法は鋼線を引張って緊張を与えたところに生コンクリートを流し込みます.その際にバイブレータで振動を与えて密に成形します.コンクリートが凝固した後,鋼線の緊張を解くと製品に圧縮応力が加わって引っ張り強度が大きくなります.PC 工法は鉄筋量を節約できるので,鉄道の枕木,橋梁(きょうりょう),橋桁(はしげた),スラブ軌道,トンネル用セグメント(分節,segment)などの製品が工場生産(ほそう)されています.PC 舗装は関西国際空港のエプロン舗装 102 万 m^2 中の 42 万 m^2 にも採用されました.

遠心力を利用してコンクリートを鉄筋に密着させる技術は,下水管や電柱など中空製品に広く使われています.コンクリートポールと呼ばれているコンクリート電柱は,PC 工法と遠心工法を併用して製造しています.まず円筒状に成形した鉄筋の篭(かご)を型枠にセットして油圧ジャッキで鉄筋に緊張を与えます.その状態で型枠に生コンクリートを注入します.それを水平に置いた回転台に乗せて回転させると,遠心力によって生コンクリートが型枠に圧着します.その型枠ごと 180℃の水蒸気で 8 時間養生して型枠を外すと,標準強度を達成した製品ができます.

プレキャスト (PCa) 工法

　伝統的なコンクリート工法は，建物の本体ができた後，窓枠，ドア枠，タイル壁などの工事をします。プレキャスト（PCa, pre-cast）工法は，工場で成形したコンクリート部材を現場に運んで組み立てます。PCa工法は省力化と工期短縮が達成できるので，橋梁やトンネルの工事などにも広く採用されています。東京湾横断道路の海底トンネルでは，乾式ドックの中で長さ100 mの構造物をPCa工法でつくりました。それを海上曳航して所定の位置で沈埋して締結し，構造物中の海水を排除してトンネルを完成させました。高層建築のカーテンウォールも，この工法でつくられます。

　住宅や中小ビルの外壁や高層ビルの間仕切りには，多孔質のALC（軽量気泡コンクリート）製品が採用されています（156頁参照）。超高層ビルのカーテンウォールには，炭素繊維強化コンクリート（CFRC）が採用されいます。ヒューム管（W.R.Humeが考案した）と呼ばれるコンクリート製下水管は，遠心工法でつくられています。

　波消し用のテトラポットもコンクリート製品です。

舗装と軌道

　日本の市内道路はアスファルト舗装がほとんどです。アスファルト舗装は施工後短時間で使用可能で，補修作業が容易という利点がありますが，寿命が短くて，黒くて道路の照り返しが大きいのが欠点です。

　高強度が要求される空港滑走路や高速道路などでは，重量や衝撃に強いコンクリート舗装が採用されます。コンクリート舗装では夏冬昼夜の熱膨張差に対する解決策が重要ですが，水捌けの良し悪しが走行に影響するので透水性も問題です。

　在来鉄道の路床は枕木と砕石を使用するバラスト軌道が主流でしたが，保線に要する作業量が非常に大きいのが問題です（37頁参照）。この問題を解決するために開発されたスラブ（厚板，平板，slab）軌道が，山陽新幹線から本格的に採用されました。PCコンクリートスラブ軌道にはクッションが必要で，緩衝材料としてゴム板やセメント・アスファルトモルタル（CAモルタル）が使われて

います。CAモルタルは，セメント，砂，アスファルト乳剤の混合物で，スラブと路床の間に注入して振動と音を吸収します。界面活性剤を混入したアスファルト乳剤は，長期間にわたって緩衝作用を失うことはありません。

フェロセメント

フェロセメント（ferrocement）は，モルタルを若干の鉄筋と金網で補強した鉄筋コンクリートの一種で，セメントではありません。フェロセメント製品は，鉄筋で骨格を形成して数層の金網を鉄筋に縛り付けたものに，モルタルを塗込んでつくります。コンクリートの被り厚さは5 mm以下でよく，鉄筋使用量は全重量の4-8％程度で足ります。フェロセメント製品は製造に手間がかかるので量産には向いていませんが，カナダ，アメリカ，中国，オーストラリアなどで中小船舶などをつくるのに利用されています。遠洋航海ができるヨットが建造されたこともあります。

フェロセメント船は第二次大戦中の我が国でも建造されました。2,300 tonの3隻の輸送船 武智丸で，日本近海で海軍用石炭の輸送に従事しましたが，米空軍が敷設した磁気機雷に反応しないので生き残りました。戦後は2隻の武智丸が広島県 安浦漁港の防波堤に再利用されています（図4.3.4）。

図 4.3.4 水の守り神 二隻の武智丸，堤防の上を散歩できます，広島県 安浦漁港

アルカリ骨材反応

　アルカリ骨材反応（alkali-aggregate reaction）はコンクリートの癌です。この反応が起きるとコンクリートの打設から数年を経過した時点で異常なひび割れが生じて，ついには構造物が崩壊します。アルカリ骨材反応は 1940 年代に米国で大問題になって研究が進みました。

　アルカリ骨材反応はコンクリートの中にナトリウム成分が多いときに起きやすいことが分かっています。ポルトランドセメント中のアルカリ成分は，Na_2O として 0.6％以下と決められています。コンクリート中に塩分（NaCl）が存在すると鉄筋が腐食して，アルカリ骨材反応との複合劣化現象が起きます。原料に海砂を使うときは十分洗浄して NaCl を除去する必要があります。海岸地域では塩害除去対策も必要です。

　骨材として用いる岩石も吟味しなければいけません。アルカリと反応しやすいシリカ分を含む岩石を使うと，シリカがアルカリと徐々に反応し膨張してコンクリートにひび割れを生じるからです。非晶質シリカを多く含む安山岩や流紋岩などの火山岩，チャートや頁岩などの堆積岩は，アルカリ反応性が高いので要注意です。微結晶シリカを含む砂岩や，変成作用によって結晶に歪を受けたシリカを含む粘板岩や，片麻岩そして片岩などの変成岩もアルカリ反応性があります。これらの岩石はコンクリートの骨材としては不適当です。

鉄筋コンクリートの寿命

　正しく設計・施工した鉄筋コンクリートは百年以上の寿命があります。工部大学校を明治 16 年（1883 年）に卒業した田辺朔郎が立案・設計して，同 26 年に開通した琵琶湖疏水の弧状桁橋は現在も問題なく使用されています。

　コンクリートはアルカリ性ですから，この雰囲気では鉄筋の表面に不働態皮膜が形成されて腐食が進行しません。コンクリートのアルカリ性はエーライトやビーライトが水和して多量の $Ca(OH)_2$ が生成しているからで，正常なコンクリートはフェノールフタレン溶液を噴霧すると赤に変色します。

　空気中には微量（0.035％）の CO_2 が含まれています。これが徐々にコンクリー

トに侵入して $Ca(OH)_2$ と反応して $CaCO_3$ になり中性化します。鉄筋の近くまで中性化が進行するには長年月が必要ですが，中性化が進むと鉄筋の不働態皮膜が破壊されて腐食がはじまります。鉄錆（さび）の体積は鉄筋の体積の 2.5 倍もあるので，周囲のコンクリートにひび割れが生じてコンクリートが剝落（はくらく）するのです。

欠陥コンクリート工事

　コンクリートの安全神話は地に落ちました。コンクリートクライシス（危機, crisis）です。阪神淡路大震災では多数のコンクリート構造物が崩壊（ほうかい）して欠陥構造物や手抜き工事が見つかりました。高度経済成長期につくられたマンションや公共構造物の中には，寿命が 20-40 年しかない欠陥コンクリート構造物が存在することが判明して大騒ぎになりました。

　阪神淡路大震災でも超高層ビルや明石海峡大橋は全く被害を受けていません。それらは正しい工法で施工されていたからです。

　かつての我が国では公共構造物は発注者自身が工事を監督していました。それが 1970 年頃からスーパーゼネコンが工事を仕切るようになりました。彼らは仕事を合理化するため工事を分割して下請け業者に仕事を割り振りました。その結果，現場で工事を監視する技術者がいなくなって作業員だけが残りました。

　その頃から，生コンプラントで調合したコンクリートをミキサー車で現場に運んで，ポンプで型枠に流し込むという作業方式が一般化しました。これによって生産性は大いに向上しました。しかしそれらの作業では流動性がよい生コンが扱いやすいので，生コン工場には粗骨材の少ない生コンが要求され，作業現場では生コンに不法に加水することが行われたらしいのです。水っぽいコンクリートを流し込むと，骨材が沈下してモルタルの浮き上がり現象が生じて上下に不均質が生じます。品質が悪いコンクリートでも何とか固まるから始末が悪いのです。

　全国には生コン会社が 3,850 社，生コン工場が 5,000 もあって，零細業者が多いこの業界の実体はなかなか把握（はあく）できないということです。

　コンクリートをつくるにはセメント 1 ton に約 7 ton の骨材が必要です。1970 年代には建設ラッシュで骨材の供給が追いつかなくなって，アルカリ反応性が大きい砕石や洗浄しない海砂が大量に使われたそうです。

コンクリートの流し込みは間欠的に行われますが，次のコンクリートを流し込む前に打継ぎ箇所を清掃する必要があります。不適当な打継ぎ箇所のことをコールドジョイント（cold joint）といいます。バブル期に工事されたコールドジョイントの中には，飲み残しの缶や瓶そして手拭いまで残留していた箇所が見つかっています。

欠陥コンクリート対策

バブルに浮かれた高度経済成長期には，鉄筋コンクリートの品質がブラックボックスになって，誰も責任をとらない手抜き工事が繰り返されていたのです。

山陽新幹線は東海道新幹線から20年も後に建設されたにもかかわらず，東海道新幹線よりも老朽化が激しいという事実があります。その当時つくられた集合住宅には寿命が非常に短い（20-40年）建物がかなり含まれているそうです。この時代に生じた社会基盤に関する負の遺産を保守するには莫大な費用が必要です。欠陥建造物の補強や建て替え工事についての新しい工法も研究しなければいけません。

2005年にはとんでもない詐欺事件「耐震構造設計偽装」が発覚しました。構造設計事務所が震度5の地震にも耐えられない鉄筋が少ない建物を設計して，検査機関はろくに検査もしないで設計を確認し，発注した建設会社は建造したマンションやホテルを堂々と販売した事件です。

米国では，建設会社や施工主から独立した検査機関が多数存在していて，専門の資格をもつ特別検査員（special inspector）がコンクリートの品質と施工現場を監督しています。それに要する費用は工事費の1-5%だそうです。今後は我が国でも同じような監視・検査体制が必要となることでしょう。

ガ ラ ス

5.1 各種ガラス

ガラスの用語

　ガラスの歴史も「やきもの」の歴史と同じくらい古いそうです。古代エジプト，古代中近東，古代中国ではたくさんのガラス関連製品がつくられました。現在のイラク北部に位置するアッシリア帝国のニネヴェ遺跡で出土した，ガラスの製法を記載した紀元前7世紀の粘土板文書が大英博物館に遺っています（図5.1.1）。

　日本でも7世紀末から8世紀初頭に飛鳥池工房でガラス製品がつくられていました。その技術はいったん衰微しましたが，室町時代に南蛮船で西方の技術が伝えられました。

図 5.1.1 ガラスの製法を記録した粘土板文書，ニネヴェ出土，紀元前7世紀，大英博物館

江戸時代にはガラスを，玻璃（はり），びいどろ，ぎやまんなどと呼んでいました。びいどろはポルトガル語の vidro に由来しています。ぎやまんはオランダ語でダイヤモンド（diamant）のことで，ガラス細工でダイヤのガラス切りを使ったことに由来しています。「和漢三才図会」（1713 年頃刊）では「硝子」と書いて「びいどろ」と読ませていました。「硝子」を「ガラス」と読むようになったのは明治初期からです。なお中国語ではガラスは「玻璃」です。

英語の glass やドイツ語の Glas は，古代ゲルマン語の「キラキラ光る」という意味の glast がルーツだそうです。ビトリアス（vitreous）という言葉は透明を意味するラテン語の vitrum に由来する言葉で，熔化（ようか）（vitrification）はガラス化することを意味しています。現在のラテン系諸国ではガラスを verre（フランス），vetro（イタリア），vidrio（スペイン）と書きます。

アモルファス（amorphous）という言葉は無定形を意味しています。morph はギリシャ語が語源で「形」を意味しています。非晶質固体とか非晶体（non-crystalline solid）という言葉も同じ意味です。

ガラスの特性

ガラスは物質名ではありません。物質の状態を表す言葉です。ガラスは，原料を完全に均一に熔融したものを冷却してつくります。

ガラスに共通する性質としては，①透明である，②等方性である，③表面に光沢がある，④着色できる，⑤界面で光が屈折する，⑥電気を通さない，⑦かなり安定で薬品に耐える，⑧硬い，⑨割れやすい，⑩破面が不規則でエッジが鋭い，⑪加熱軟化状態で任意の形に成形できる，⑫膨張率の近いガラスは熔接できる，⑬非常に平滑な研磨面が得られるなどの特性が挙げられます。

ガラスの外観は水晶と同じですが，水晶は結晶でシリカガラスは非晶体です。食塩や水晶などの単結晶を破砕すると破面の角度が常に一定していますが，ガラスの破面形状は不定形で亀裂（きれつ）がでたらめに進展することから，原子配列に規則性がないことを理解できます。これは X 線回折計で調べればすぐに分かることです。

ガラスは等方的で透明性が高いのですが，ガラスが透明である理由は光を乱反射する界面が単結晶と同程度に少ないからです。

ガラスは非化学量論組成の物質で，元素の種類やそれらの比率をかなり自由に選んで均一なガラスをつくることができます。

実用ガラスのほとんどはシリカを主成分とする珪酸塩ガラスで，SiO_4 四面体が頂点の酸素原子を共有して無限に連なっています。ガラスは原子の近距離秩序はでたらめですが，全体としては非常に均一な組成と構造をもっています。

シリカガラス

シリカ（SiO_2）の粉末を酸水素炎で 1,900℃ くらいに加熱・熔融したものが冷えるとシリカガラス（silica glass），通称石英ガラス（quartz glass）になります（166 頁参照）。シリカガラスは，すべてのガラスの中で最高の性質（耐熱性，耐熱衝撃性，耐久性，耐食性，熱伝導率，紫外線透過性など）を備えています。線膨張率が非常に小さくて（$\alpha = 0.55 \times 10^{-6}℃^{-1}$），赤熱した製品を水中に投じても破損しません。

シリカガラスには，透明ガラスと不透明ガラスとがあります。透明シリカガラスの原料は，透明な天然水晶の粉末です。高価ですが，透明性が重視される水銀ランプやスペースシャトルの窓などに使われています。不透明シリカガラスは，天然珪石（silica stone）の粉末からつくります。シリカは熔融状態でも粘性が非常に大きいので，原料に含まれている細かい気泡を完全に除くことができなくて白濁します。半導体製造装置などに使われています。

アルカリ石灰ガラス

シリカに種々の修飾酸化物（アルカリ金属元素，アルカリ土類金属元素，硼素族元素，鉛などの酸化物）を加えると，シリカガラスよりも低い温度でガラス化して，広い組成範囲でガラスが生成します。実用ガラスのほとんどはシリカを主成分とする多成分系珪酸塩ガラスで，その代表がアルカリ石灰ガラスです。アルカリ石灰ガラスには，ソーダ石灰ガラスとカリ石灰ガラスとがあります。

ソーダ石灰ガラス（soda-lime glass）は並ガラスとも呼ばれて，窓ガラスや瓶ガラスとして量産されています。ソーダ石灰ガラスは，70-73％ の SiO_2 と，

12-16％のNa$_2$Oと，8-12％のCaOと，少量のAl$_2$O$_3$を含んでいます。Na$_2$Oは架橋していない酸素をつくって，融液の粘度を下げてガラスを熔けやすくします。CaOはNa$_2$Oの導入で低下する化学的性質を改善します。少量のAl$_2$O$_3$を添加するとガラスの化学的性質が改善して，液相線近くでの粘度が増加して結晶化を抑制します。

ソーダ石灰ガラスの原料は，珪石（SiO$_2$）の粉末に，炭酸ナトリウム（炭酸ソーダ，sodium carbonate，Na$_2$CO$_3$）と石灰石（CaCO$_3$）の粉末を所定の比率に配合したものです。原料には鉄分が少ないものを選択します。調合原料のことをバッチ（batch），間欠的に生産することをバッチ生産といいます。ソーダ石灰ガラスはバッチ原料を高温に加熱して均一に熔融して，成形し，徐冷してつくります。

Na$_2$Oの代わりにK$_2$Oを用いたカリ石灰ガラスはソーダ石灰ガラスよりも上質で，硬質ガラスとかボヘミアンガラスと呼ばれています。

鉛ガラス

鉛ガラスは，ソーダ石灰ガラスのNa$_2$Oの一部ないし全部をK$_2$Oで置換し，CaOの代わりにPbOを導入してつくります。

鉛成分が多い（＞25wt％）鉛ガラスは光の屈折率が大きいので工芸用ガラスや光学用ガラスとして重要で，クリスタルガラスと呼んでいます。鉛成分がやや少ないガラスはセミクリスタルガラスです。

鉛ガラスは融点が低くて電気絶縁性と耐久性が優れているので，電子機器などの封止（封着，hermetic seal，sealing）用ガラスとして重要です。封止用ガラスはハンダガラスとかフリット（frit）ともいいいます（184頁参照）。当節は鉛を使った製品が嫌われるので，鉛を含まない封止ガラスの研究が進んでいます。

硼珪酸ガラス

硼珪酸ガラスはソーダ石灰ガラスのCaOをB$_2$O$_3$で置換したガラスです。パイレックス（pyrex®）の商品名で最初に米国のコーニング社（Cornig Inc.）から市販されたこのガラスは，熱膨張率がソーダ石灰ガラスの半分程度で，耐熱性

と耐薬品性に優れているので，ビーカー，フラスコ，化学実験装置などをの理化学用器具や，耐熱食器として広く使われています。

珪酸塩でないガラス

　燐酸塩，硼酸塩，カルコゲン化合物，ハロゲン化物などもしばしばガラスをつくります。高分子材料もガラス転移点 T_g をもつ化合物が多くて，金属や合金の融体を急冷するとガラス化する場合があります。

5.2　ガラス状態

ガラス転移点

　結晶には特定の融点と沸点がありますが，ガラスにはそれらがありません。ガラスを加熱すると徐々に軟化するので，軟らかい状態で種々の形状（板状，管状，棒状，繊維状など）に加工することができます。同種ガラス同士はもちろん，膨張率が近いガラスは熔接できるという特徴もあります。ガラスは「高温で熔融した状態をそのまま凍結した材料」で，「常温で粘性が非常に大きい液体」であると考えてよいのです。

　融体を冷却する際の結晶とガラス状態を，図5.2.1で説明しましょう。図の縦軸はモル容積で，横軸は温度です。同じ物質であっても，固体と液体では体積が違うし，温度が違えば体積は変化します。熔融している物質は熱力学的に平衡状態にあると考えてよいのです。

　融体から結晶が析出することを説明します。高温で熔融している液体Aは，温度が融点 T_m まで下がったところで凝固して固体にな

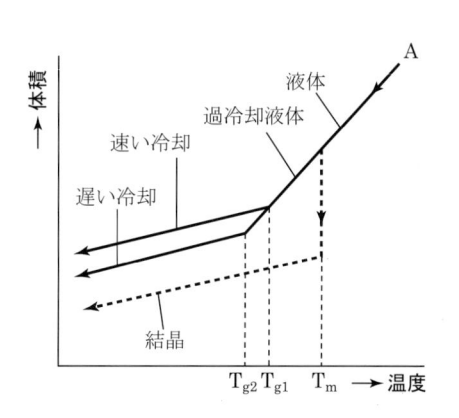

図 5.2.1　結晶とガラスの冷却曲線の概念図

ります。さらに温度が下がると結晶の熱膨張率に従って体積が減少します。

　融体からガラスが生成する場合について説明しましょう。均一に熔融したガラスAをゆっくり冷却すると，T_mで結晶しないで過冷却液体になります。温度が低下すると液体の粘度が著しく増加して，原子配置の変化が温度変化に追従できなくなると固体のガラスになります。それ以下の温度では，ガラスの収縮曲線が結晶のそれと平行になって屈曲点ができます。この屈曲点の温度をガラス転移点T_gと呼びます。ガラス転移点をもつ非晶質固体がガラスです。冷却速度が速いと屈曲点は高温側にずれます。ガラス転移点は，ガラス転移域という方が正しいのです。

　ガラスは熱力学的には準安定な状態で，結晶が析出することがあります。これを失透(しっとう)（devitrification, opacity）といいます。ガラス製品は数百年という時間単位では影響が現れ，出土したガラス器の多くは失透して不透明になっています。実用ガラスは失透しにくい組成を選んで製造しています。

ガラスの熔融

　気泡が全くない高品質のソーダ石灰ガラスは，よく混合した調合原料（バッチ，batch）を1,600℃以上に加熱して粘度を下げて，それを長時間保持して完全に脱泡します。ガラスの量産には蓄熱装置を備えたタンク熔融窯を使って，大量（1,000ton/日）のガラスをつくります。

　近年は抵抗加熱方式（加熱したガラスに直接電流を流す方式）で熔融する電気熔融プラントが増えています。電気熔融炉の電極には，モリブデン，黒鉛，白金などが使われます。材料の均一性が要求される光学ガラスや長繊維ガラスでは，材料を繰り返し熔融することも行われています。

　ガラスの破片をカレット（cullet）といいます。原料にカレットを加えると熔融が容易になるため，ガラス製造工場では発生するカレットを繰り返し利用しています。ガラスはリサイクルが容易で，何回でも繰り返し利用できる環境にやさしい材料です。

　小規模の熔融では脱泡を促進するために清澄(せいちょう)（消泡）剤を使います。脱泡に最も有効な物質は亜砒酸(あひさん)（As_2O_5）ですが，毒性が強いので代替品（Sb_2O_3など）が研究されています。

ガラスの特性温度と作業温度

結晶は融点以上では液体で，融点以下では固体です。これに対して，ガラスの粘度は広い温度範囲で連続的に変化します。図 5.2.2 は実用ガラスの粘度の温度依存性を示しています。粘度 η の単位（国際単位系）はパスカル・秒（Pa·s）です。従来の単位 ポアズ（poise）との間には，$1\,\mathrm{Pa\cdot s} = 10\,\mathrm{poise}$ の関係があります。

表 5.2.1 は実用ガラスの特性温度と，熔融（melting）・成形（forming）・徐冷

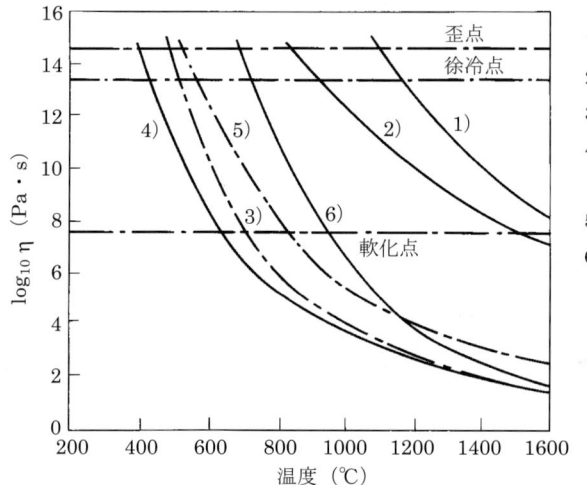

1) 石英ガラス
2) 96％シリカガラス
3) ソーダ石灰ガラス
4) 鉛アルカリ珪酸塩ガラス
5) 硼珪酸塩ガラス
6) アルミノ珪酸塩ガラス

図 5.2.2 実用ガラスの粘度の温度依存性

表 5.2.1 実用ガラスの特性温度と作業域

	特性温度	粘度 η (Pa·s)	特　徴
高↑温度↓低	熔融作業域	10^1-10^2	ガラスの熔融作業に適する温度域
	成形作業域	10^3-10^4	ガラスの成形作業に適する温度域
	軟 化 点	$10^{7.5}$	φ 0.7mm × 23mm の繊維が自重で毎分 1mm 伸びる
	徐 冷 点	$10^{13.5}$	徐冷の上限温度。15 分間の作業で歪が除かれる
	ガラス転移点	10^{14}	過冷却液体とガラス状態との接点
	徐冷作業域	$10^{13.5}$-$10^{14.5}$	ガラスの徐冷作業に適する温度域
	歪　　点	$10^{14.5}$	この温度以下では急冷しても歪が生じない

(annealing) などの作業に適当な粘度域をに示しています。ガラスは加工した後の「なまし」を行う徐冷工程が重要です。

5.3　容器ガラス

古代ガラス

　ガラスの起源については定説がありません。最初につくったのは，中近東地区のシリアともエジプトともメソポタミアともいわれ，紀元前4,000 - 紀元前3,000年頃のことでした。ソーダ石灰ガラスは，砂と炭酸ソーダと石灰石の混合物を加熱してつくります。これらの原料は中近東で豊富に産出します。

　初期につくられたのは，コア・グラス器，ファイアンス，トンボ玉，ビーズ，モザイクガラスなどです。コア・グラス（core-glass）器は粘土で芯型をつくって乾燥し，これに熔けたガラスを被せて成形します。それを冷却した後，水に入れて粘土を搔き出して容器とする方法です。ファイアンス（faience）は，細かな珪砂質の胎土で成形し，ガラス質の釉薬（青色が好まれた）をかけて焼成したものです。小型の器や，カバやスカラベなど動物をかたどった護符などがつくられました。現在のイタリアでつくられている錫釉陶器（ファイアンス）とは違います。

手吹きガラス器

　手吹きガラス（宙吹き，free-blowing）の技法は，古代ローマ帝国が誕生する少し前にシリアの工房で発明されました（紀元前50年頃）。手吹きガラスの技術はどんなガラスにも適用できます。この技術革新によって，製品の製造効率が200倍に向上して，製品の単価が1/100に下落したといわれます。

　江戸時代には，長崎や江戸でガラス器がつくられていました。風鈴，ランプの火屋，チロリ，食器，薬品瓶，ポッペン（びいどろ）などの製品です。風鈴の音色は形状や厚さによって変わるのですが，ガラスの材質によっても変化します。

　明治・大正時代には漁網用の浮き玉がたくさんつくられました。プラスチックがなかった時代は，塩酸などの薬品を入れるガラス瓶（50ℓもある大きな瓶も）

がつくられました。

　手吹き成形法で割り型を併用すると，複雑で同じ形状の容器をいくつもつくることができます。現在でもこの手法で，花瓶，高級化粧瓶，高級食器などがつくられています。

量産ガラス器

　瓶ガラスの材質はソーダ石灰ガラスです。ビール，清涼飲料，化粧品，薬品，調味料などの瓶，コップ，ビールのジョッキなど大量に消費されるガラス容器は，自動製瓶機で製造しています。1920年代の米国で開発されたこれらの設備は，1台で毎分数十ないし数百本の容器を製造できます。自動製瓶機は，熔けたガラスから一個分の原料（ゴブ，gob）を採取して，はじめの工程で製品に近い形に成形し，仕上げ工程で圧縮空気を吹き込んで金型にガラスを押付けて正確な形に成形します。成形した瓶はコンベア炉で徐冷されて製品になります。電球や蛍光灯などもこれに準じた自動成形機械で量産しています。

　我が国のビール瓶は回収率が99％以上で，洗浄し詰め替えて平均30回以上繰り返し使っています（ビール各社は2回目以降は各社の瓶を区別しません）。その後は瓶を破砕したカレットを原料に加えて100％再利用しています。

　日本のビール瓶が茶色である理由は紫外線の防止です。北欧諸国では青色や緑色のビール瓶も使われていますが，それらの瓶を使ったビールは日本の夏の屋外に半日も放置すると品質が劣化してしまいます。茶色の瓶は昔は二酸化マンガンと酸化鉄で着色していましたが，現在は炭素と硫黄の粉末を混ぜてつくっています。

　ビール瓶はかなりの重量があるので流通業界から軽量化について強い要求があります。自動製瓶機の徐冷炉の入り口で塩化チタンや塩化錫をスプレーして，ガラス瓶の表面に化学的気相蒸着法（CVD法，176頁参照）で，厚さ10-15nmのTiO_2やSnO_2の硬質皮膜を形成させた強化軽量瓶がつくられています。ポリシロキサンの蒸気で処理してシリコーン皮膜をつける方法なども行われています。

琺瑯と七宝

　金属製品に釉を施した製品を琺瑯（enamel）といいます。最初の琺瑯は紀元前1,500年頃，地中海のミケーネで発明されたそうです。エジプトのツタンカーメン王の黄金仮面には青色の琺瑯が施されていました。6世紀頃，東ローマ帝国の首都コンスタンチノープルでは有線琺瑯の技術が大いに発達しました。

　西域の技術が中国に伝わったのは隋の時代（580-618年）で，法郎とか琺瑯と訳されました。中国では不透明釉を使う美術琺瑯を景泰藍と呼びますが，これは明の景泰年間（1450-56年）に技術が進歩して，藍色が特に優れていたからです。景泰藍は世界市場を席巻しましたが，清末には経済が疲弊して輸出が激減しました。

　琺瑯の技術が我が国に伝えられたのは飛鳥時代のことで，日本ではこれに七宝という文字を当てました。七宝は仏教（佛教）用語で，無量寿経では，金，銀，瑠璃，水晶，琥珀，赤真珠，瑪瑙を挙げています。

　正倉院宝物には，奈良時代の我が国でつくられた黄金瑠璃鈿背十二稜鏡が含まれています。伊勢神宮は二十年ごとに式年遷宮の行事があります。御正殿の高欄を飾る七宝製の五色の据玉はそのたびに作りかえられています。

　七宝の技術は平安，鎌倉，室町時代には低調でしたが，桃山時代になると技術が進歩しました。当時を代表する京都の御金具師平田彦四郎道仁の子孫は12代にわたって徳川幕府の七宝師を務めました。徳川初期の作品には東照宮の釘隠や襖の引手などの建築金物や刀の鍔が多く，加賀百万石を代表する工芸品見本の百工比照には286個の七宝製品が含まれています。

　幕末には名工梶常吉（1571-1646年）が現れて技術が著しく向上しました。彼は名古屋郊外の農村で技術指導し，これが現在の七宝町に発展しました。

　ワグネル（12頁参照）は透明釉について指導して大きく貢献しました。明治6年のウィーン万国博覧会には，彼が選定した七宝の花瓶が出品されました。赤坂の迎賓館の壁には明治の名工の七宝作品花鳥画が多数はめ込まれています。

　鍋，薬缶，浴槽，燃焼器具，醸造タンクなど，実用琺瑯は18世紀末の欧州ではじまりました。日本では，明治時代に鉄の素地に釉を施した実用的な商品が量産されて，それらを琺瑯鉄器と呼ぶようになりました。実用琺瑯の釉薬は不透明釉で，鉄板によく密着する下釉薬と，製品に美しさを与える上釉薬とがあります。

　現在では，金，銀，銅などの素地に施した美術琺瑯を七宝と称して，実用琺瑯と区別しています。

プレス成形ガラス器

　ガラスの食器皿，調理鍋，灰皿，ビールのジョッキ，果物皿などは，熔けた軟らかいガラスから，機械式の自動プレス機でゴブを採取して，プレス成形し，徐冷してつくります。

　機械式の高速プレス成形では鋭いエッジ（edge）の製品をつくることは困難です。したがって，回転砥石でカットしてつくる切子細工のガラス器とは一見して区別できます。

　ただし冷却速度を非常に遅くすれば鋭いエッジの製品をつくることができます。ルネ・ラリックは精巧な金型にガラスを圧入し徐冷して芸術作品を制作しました。

5.4　板ガラス

昔の板ガラス

　西欧で板ガラスが普及したのは，ロンドンで開催された第一回万国博覧会（1851年）に建造された水晶宮（crystal palace）が評判になってからのことです。この建物には当時の板ガラス（標準寸法：25 cm × 125 cm）が30万枚と，3,800 tonの鋳鉄材と700 tonの錬鉄材が使われました（図5.4.1左）。

　江戸時代の日本では板ガラスは非常に高価な商品でした。12頁で紹介した

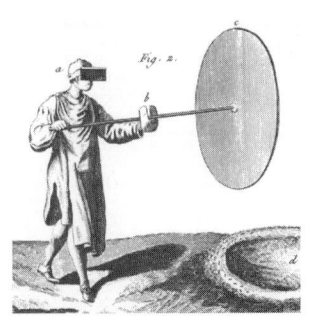

図 5.4.1　（左）水晶宮，ロンドン，1851年　　（右）臍ガラス製造法

米欧回覧使節団は，英国やベルギーのガラス工場も見学しました（1871-72年）。英国 マンチェスターの板ガラス製造所では，坩堝（るつぼ）で熔融したガラスを鉄板の上に流して手押しロールで圧延して板ガラスをつくっていました。ステンドグラス用のガラスは今でもこの方法で生産しています。

円板状板ガラス製造法（クラウン法，臍（へそ）ガラス法）も行われました。吹き竿（さお）で大きなガラス球を吹いて球の先端に穴をあけます。それを炉で真っ赤に加熱して外に取り出し，急回転させると遠心力で拡がって円板状になります（図5.4.1右）。この板ガラスは中央に臍があります。

明治9年（1876年），工部省は民営工場を買収して品川硝子製造所を設立しましたが，当時の標準的な製法・手吹き円筒法による板ガラス製造の試みは結局成功しませんでした。その製法は，直径が30cmもあるソーセージ状のガラス容器を手吹きで成形し，両端を切除したのち縦に切り開いたものを拡げて板状に成形する方法です。品川硝子製造所の遺構は明治村に移設されています。

ロール圧延式板ガラス

1910-20年代の米国で発達したロール圧延式（rollout process）板ガラス製造法は，熔融したガラスを水冷した2本のロールの間を通して板状に連続成形し，徐冷して製品とする方法です。横方向に引き出す方法と，垂直方向に引き上げる方法とがあります。

この製造装置が日本ではじめて稼働したのは大正10年（1921年）のことです。現在残っているこれらの設備は，網入りガラスや表面に凹凸模様をつけた型板ガラスの製造に使われています。発展途上国では，現在でも小規模で低価格のロール圧延式板ガラス製造設備を新設しています。

第二次大戦前に建てられた建物の多くは，ロール圧延式板ガラスを使っています。このガラスを斜めから見ると像が歪んで見えるので，フロート式板ガラスと容易に区別できます。ロール圧延式板ガラスは両面を研磨しないと鏡には適用できません。

フロート式板ガラス

　現在，板ガラスのほとんどはフロート式製造工程（float process）でつくられています。この方法で製造した板ガラスは非常に平滑で，研磨しないでも鏡に適用できます。フロート式板ガラス製造法は英国のピルキントン社（Pilkington Brothers Corp.）が社運をかけて1959年に技術開発しました（図5.4.2）。

　フロート式製造法は，温度を厳密に制御した熔融金属の上を，熔けたガラスがゆっくり流れて徐々に固まって板ガラスとなる画期的な製造法です。金属錫（Sn）は融点が低くて（232℃）沸点が高く（2,275℃），高温でも蒸気圧が小さくて比重が大きいのでこの目的に最適です。熔融錫の表面は完全に水平で，その上に浮いた熔融ガラスの両面は平滑な自由平面になります。熔融雰囲気は錫が酸化しないように少量の H_2 ガスを混入した N_2 ガスを使います。

　熔融ガラスを熔融錫（深さ：6-12cm）の上に置いて，ガラスの比重と界面張力が釣り合った状態ではガラスの厚さは約7.5mmになります。厚板ガラスは，進行方向の両側に水冷した黒鉛の壁（carbon fender）を設けてつくります。薄板ガラスは，熔融ガラスをゆっくり冷却しながら二次元方向に機械的に巧みに引張ってつくります。徐冷はロールの上を移動させて行います。これらの技術によって任意の厚さ（0.4-25mm）と任意の幅（＜4m）をもつ平滑な板ガラスを製造できます。

　フロート式製造法で板ガラスを製造するには高度の制御技術が必要です。大地震のときには熔融錫が飛散するのでその対策も必要です。フロート式板ガラスの設備は膨大な費用を必要とするのでメーカーは数社しかありません。

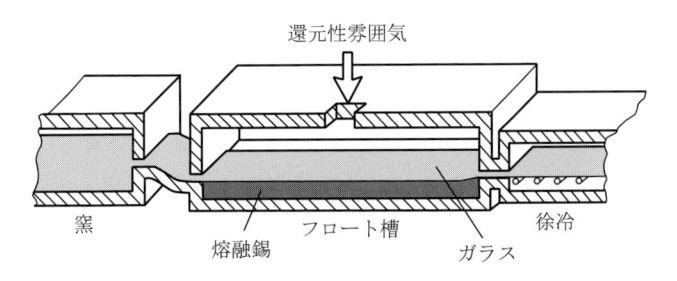

図 5.4.2　フロート式板ガラス製造工程の概念図

旭硝子㈱は世界最大の板ガラスメーカーです。2002年には板ガラスは世界シェアーの22％，自動車用ガラスは30％を生産しました。日本板ガラス㈱は2006年にピルキントン社を買収して，規模が世界第2位のメーカーになりました。

強化ガラス

ガラスは引っ張りに弱いという欠点をもっています。強化ガラスは表面層に圧縮応力を与えたガラスで，普通のガラスの約3倍の強度があります。強化ガラスは傷がつくと亀裂が一挙に進展して全面破壊するのが欠点ですが，破片の先端が丸みを帯びるので負傷することは希です。

強化法には，物理強化と化学強化があります。物理強化（風冷強化）ガラスは，軟化点（約650℃）近くに加熱した板ガラスの両面に空気を吹きつけて表面を冷却し，表面に圧縮応力層をつくります。風冷強化ガラスは自動車や列車の窓ガラスに使われています。高層建築物には，破損しても破片が飛散しにくい倍強度強化ガラスが使われています。針金入りガラスや金網入りガラスも同様の用途に使われています。

化学強化ガラスはイオン交換法でつくります。成形したソーダ石灰ガラス板を硝酸カリウム熔融塩中で数時間加熱すると，イオン半径の大きいカリウムイオンがナトリウムイオンを置換して，表面に圧縮応力層ができます。時計のカバーグラスなどに使われています。

安全ガラス

安全ガラス（safety glass）は，複数のガラス板と強靱なプラスチック（ポリビニルブチラールやポリカーボネート）フィルムを張り合わせてつくります。厚さ1.52mmのポリカーボネートシートを強化ガラスで挟んだ体育館用の安全ガラスは，ボールがぶつかっても割れることがありません。航空機や自動車のフロントガラスには，安全ガラスの採用が義務付けられています（航空機客室の窓はプラスチック製です）。要人警護用の自動車や軍用機には，何枚ものガラスを張り合わせた厚い防弾ガラスが使われています。

安全ガラスは防犯ガラスとしても重要です。安全ガラスは衝撃でひびが入っても飛散することがないので，犯人の侵入が困難です。犯罪が急増している住宅やビルの窓，出入り口への用途が増加しています。防犯ガラスの規格や安全性は，JISで規定されています。

断熱ガラス

断熱効果を備えた窓ガラスに，複層ガラスと熱線反射ガラスがあります。複層ガラスは2枚のガラスを間隔を保って張り合わせて，隙間に乾燥空気を封入します。新幹線や省エネ建物の窓などに採用されています。

熱線反射ガラスは可視から近赤外領域の太陽エネルギーの相当部分を反射して，室内の冷房負荷を軽減します。熱線反射ガラスの表面は金属酸化物の薄膜で覆われていて，光の干渉効果によって種々の反射率と反射色調が得られます。干渉膜をつけたプラスチックフィルムをガラス表面に貼った製品があります。

5.5　結晶化ガラス

ガラスの結晶化

ガラスは準安定物質ですから，適当な組成をもつガラスについて適切な熱処理を行うと結晶化する場合があります。

最初の結晶化ガラス（crystallized glass）は，パイロセラム（pyroceram®）の商品名でコーニング社が市販しました（1960年）。組織が完全に均一な透明ガラスから，気孔が全くない多結晶体をつくるというのはすばらしい発想です。

ガラスから析出する結晶の種類や大きさは，ガラスの組成や熱処理条件などの影響を受けます。結晶化の程度すなわち析出する結晶の量は正確に制御できます。結晶粒子の大きさを揃える（0.02-30μm程度に）ことが可能で，結晶の大きさが0.05μm以下の結晶化ガラスは実質的に透明です。この材料でつくられた透明な調理鍋が市販されています。

結晶化が進むと，白色で不透明な磁器に似た外観をもつ材料ができます。この材料は，元のガラスに比べて機械的強度，耐熱性，電気絶縁性などがずっ

と向上しています。普通のガラスは軟化温度が500-570℃ですが，結晶化で1,000-1,300℃と高くできます。この種の結晶化ガラスは，耐熱調理鍋からミサイルの弾頭まで広い用途があります。

　ガラスの結晶化は，ガラス中に均一に分布させた核形成物質（TiO_2, GeO_2, CaF_2 など）から開始する場合と，ガラスの表面を核として進行する場合とがあります。前者に属する結晶化ガラスは，均一なガラスから核形成と結晶成長の2段階熱処理を経て製造します。

快削性セラミックス

　一般のセラミックスは機械加工が難しいのですが，いくつかの物質はナイフで削ったり，鋸（のこぎり）で切ったり，旋盤やボール盤で加工することができます。たとえば二水石膏，タルク，パイロフィライト（葉蝋石），珪藻土，凝灰岩，h-BN（hexagonal boron nitride）などですが，これら材料の機械的性質は優秀とはいえません。

　現在では金属材料と同様に，精密に機械加工ができる優れたセラミック材料が開発されています。それがマシナブル（快削性, machinable）セラミックスです。マコール（macor®）はコーニング社が発明した本格的な快削性セラミックスです。組成が SiO_2：46，MgO：17，Al_2O_3：16，K_2O：10，B_2O_3：7，F：4 wt％のガラスを熱処理して45％程度結晶化させた材料です。マコールは弗素金雲母の微結晶（20μm）が析出していて純白色です。

　この材料の快削機構は，雲母層の微小な剥離（へきかい）（劈開）が破壊エネルギーを吸収して，亀裂（ぼうがい）の進展を妨害するからです。マコールで製作した部品は1,000℃程度まで使用可能で，機械的性質や電気絶縁性が優れているので，複雑形状の高精度部品の試作などに便利です。初期のスペースシャトルでは数百個のマコール製部品が採用されました。現在では中規模の工業生産にも広く利用されています。

結晶化ガラス製石材

　日本電気硝子㈱が開発した結晶化ガラス「ネオパリエ®」は高級な人工大理石

図 5.5.1　結晶化ガラスの人工大理石を採用した神戸市地下鉄・三宮駅

で，建物外壁，建物内壁，地下鉄駅の壁などに広く採用されています（図5.5.1）。

　この人工大理石の強度は花崗岩の 3 倍以上で，耐候性は天然大理石の 100 倍以上もあります。この建材にはガラス成分が 70％ も残っているので，加熱して曲げ加工することが可能で円柱や曲面にも対応できます。

　ネオパリエ® の基礎ガラスの組成は，SiO_2：59.0，Al_2O_3：7.0，B_2O_3：1.0，CaO：17.0，ZnO：6.5，BaO：4.0，Na_2O：3.0，K_2O：2.0，Sb_2O_3：0.5wt％ です。1,300℃位に加熱・熔融したガラスを急冷し，7mm 角程度に破砕して，平板状の金型に入れて半熔融させたのち 700℃ で加熱処理すると，ガラスの表面から β- ウォラストナイト（珪灰石，$CaO \cdot SiO_2$, wollastnite）の結晶が成長します。着色ガラスの素材を混合するといろいろな紋様ができます。結晶化処理した板材の表面を研磨すると，外観が大理石に似た高級建材ができます。

分相ガラス

　ガラスの結晶化に似た現象に分相（相分離，phase separation）現象を利用してつくる材料に，コーニング社のバイコールガラス（vycol glass®）があります。硼珪酸ガラス（SiO_2：75，B_2O_3：20，Na_2O：5wt％）を 1,400℃ で熔融して種々の形に成形します。成形品を 500-600℃ で数時間熱処理すると，Na_2O-B_2O_3 系

ガラスと SiO_2 ガラスとに相分離して乳白色になります。この製品を熱塩酸で処理すると，Na_2O-B_2O_3 系ガラスが溶出して高純度で多孔質のシリカガラス製品が残ります。分相の規模は出発ガラスの組成と熱処理条件によって違うので，それらを制御してよく揃った細孔径（μm 程度）をもつ多孔質ガラス製品をつくることができます。この製品は，触媒や酵素の担体，分子篩（molecular sieve），海水脱塩，高温気体分離などに利用されています。

この多孔質ガラスを 900-1,000℃に加熱すると，容積が 35％収縮して透明で高純度（SiO_2：96-98％）のシリカガラスができます。熔融加工法でつくる透明シリカガラスは優れた特性をもっていますが高価です。バイコールシリカガラス製品の価格は透明シリカガラス製品の約 1/3 です。

ゾル・ゲル法

ゾル・ゲル法（sol-gel process）は，液体中にコロイド粒子を懸濁したゾルを熟成して，粒子が凝集して流動性を失ったゲルを経て，ガラスなどを製造する方法です。出発物質には，コロイドシリカ，各種金属アルコキシドなどを用います。それらは溶媒（水＋酸＋アルコール）中で容易に加水分解して，縮合反応を経て水和物や酸化物に変化します。反応条件や溶液の粘度を調整して，紡糸したり薄膜にすることも可能です。たとえば，珪酸エチル（$Si(OC_2H_5)_4$）を原料として，シリカガラスの薄膜，繊維，超微粒子，バルクガラスをつくることができます。

ゾル・ゲル法は高価につくので付加価値が高い製品に限定されます。ハッブル宇宙望遠鏡には，この方法でつくった低膨張ガラスのハニカムが採用されました。

なお，食品・医薬品・写真機などの脱湿・乾燥剤として広く利用されているシリカゲル（珪酸ゲル）は，珪酸ナトリウム（水ガラス）の水溶液を無機酸と中和させて凝固したゲルを，水洗・乾燥してつくります。

炭素と核関連材料

6.1 伝統炭素材料

ダイヤモンドと黒鉛

　炭素原子だけで構成されている材料としては，ダイヤモンド，黒鉛，無定形炭素（非晶質炭素），カーボンブラック，フラーレン，カーボンナノチューブなど，原子の配列が違う幾種類もの同素体（allotrope）があります。

　ダイヤモンドは立方晶系に属する等方性の物質ですが，黒鉛（石墨，graphite）は六方晶系に属する層状構造の結晶で著しい異方性があります（図 6.1.1）。

　単結晶ダイヤモンドはあらゆる物質の中で，①もっとも硬い，②最大の熱伝導率をもっている，③光の屈折率が最大である，などの特長を備えています。しかしダイヤモンドは常温常圧では不安定相で，空気中で高温に加熱すると燃えてしまいます。

　大きくて美しいダイヤモンド単結晶は宝石の王者です。天然ダイヤモンドの産地は南アフリカやロシアのシベリアなどに限られています。これは，地下深く（200 km 以上）にあったマグマが急激に地上に貫入してできたキンバレー岩の中に含まれているからです。

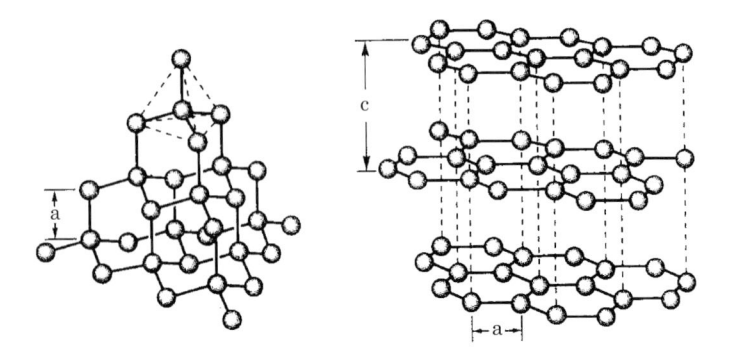

図6.1.1 （左）ダイヤモンド構造 a = 0.154 nm　（右）黒鉛構造 a = 1.42 nm, c = 3.335 nm

　ダイヤモンドは超高圧装置を使って合成できます。工業用ダイヤモンドの90％以上は合成品です。多結晶ダイヤモンド，焼結ダイヤモンド，半導体ダイヤモンド，薄膜ダイヤモンドもさかんに研究されています。
　単結晶黒鉛は，①耐久性が抜群である，②耐熱性が優れているなど，普通のセラミックスと同様の性質をもっていますが，③結晶層面方向は電気の良導体で，④機械加工が容易で，⑤アーク火花を生じにくく，⑥軟らかくて，⑦結晶層面に平行に滑りやすくて潤滑性がある，⑧空気中で高温に加熱すると燃える，⑨黒いなど，普通のセラミックスと非常に違う特性ももっています。多結晶黒鉛の鉱床は各地に存在します。
　油田や炭坑から入手できる均質な炭素系原料を，900℃以上の温度で加熱処理すると無定形炭素になります。それを粉末にしてピッチと加温・混練して，必要な形状に成形し，900-1,000℃に加熱すると炭素焼結体が得られます。炭素焼結体は導電性があまりよくないので，直接通電法で超高温（2,500-3,000℃）に長時間加熱して黒鉛化します。
　焼結多結晶黒鉛材料は，金属精錬用電極，抵抗加熱用電極，アーク放電用電極，モータ用刷子，坩堝，炉材などとして大量に使用されています。それらは電気掃除機の直流小型モータ用刷子から，直径が30 inch（76 cm）以上もある大木のような金属精錬用電極まで，多種類の製品がつくられています。

無定形炭素

　無定形炭素には，煤やカーボンブラックのような粉末もありますし，木炭などの固体もあります。メタンやプロパンなどの炭化水素ガス，砂糖や鑞などの低分子有機化合物，そして繊維素（セルロース）や蛋白質などの有機高分子物質を，数百ないし千数百℃に加熱して不完全燃焼させると無定形炭素ができます。

　無定形炭素は，①耐久性が抜群である，②耐熱性が優れている，③導電性があるが，あまりよくない，④空気中で加熱すると燃える，⑤黒いなどの特性をもっています。

カーボンブラック

　カーボンブラック（carbon black）は，炭化水素や炭素を含む化合物を熱分解や不完全燃焼させて得られる微細（粒径が数十ないし数百 nm）な粒子状（無定形ないし低結晶質）炭素です。原料には天然ガスや液体燃料が使われます。得られる粉体の性質は，原料と製造装置そして操業条件によってさまざまに変化します。

鉛　　筆

　木炭で絵を描くことは昔からですが，書き味がよいとはいえません。単結晶黒鉛は，結晶構造から推測されるように書き心地が滑らかです。イギリスのエリザベス一世時代，単結晶黒鉛の鉱床が発見され，それを棒状に加工すると素晴らしい書き味を示すことが分かりました（1564 年）。英国政府は黒鉛の採掘と販売を厳しく統制しましたが，18 世紀末には資源が枯渇してしまいました。

　フランスはイギリスと戦争を繰り返していて鉛筆の輸入が不自由でした。コンテ（N.J.Conte）は多結晶黒鉛粉末と粘土を混合して焼き固める方法を発明しました（1795 年）。帝位についたナポレオン一世はコンテを召し抱えて鉛筆製造事業にあたらせました。彼は黒鉛と粘土の混合比を変えて，3H，HB，2B という具合に黒さを調節する方法を考案して現在の鉛筆の基礎が確立しました（1805 年）。

　鉛筆（pencil）という言葉はドイツ語の Bleistift の訳語として明治時代に定着しました。

代表的な製造法はファーネス（炉，furnace）法です。この方法は，炉に燃料と空気を吹き込んで完全燃焼させて1,400℃以上の高温としたところに，原料油を噴霧して熱分解させます。炉の後段で水を噴霧して反応を停止させて，バグフィルタ（bag filter）で粉末を回収します。反応時間は1/100-1/10秒で，高温で反応させるほど粒径の小さい粉末ができます。反応条件を変えて，さまざまな粒径と性状をもつカーボンブラックが製造されています。

グットイヤー（C.Goodyear）は，生ゴムに5-8％の硫黄粉末を混合して80-120℃に加熱すると弾性ゴムができること（加硫，vulcanization）を発明して特許を取得しました（1844年）。カーボンブラックは需要の95％が自動車タイヤの補強用です。加硫する前の生ゴムに25-30％のカーボンブラックを練り込むと，タイヤの走行可能距離が3-10倍にも増加するのです。

印刷インクはカーボンブラックに乾性油を混ぜてつくります。塗料，樹脂着色剤，トナーなどにもカーボンブラックが採用されています。墨は，植物油を不完全燃焼させてできる煤を，膠の溶液とよく練って，成形・乾燥してつくります。

木　炭

木材と木炭は人類が火を手にしたときから身近な燃料でした。どのような植物でも不完全燃焼させると炭ができます。それらの炭は焼成前の微細組織を保存している多孔質無定形炭素材料です。一般に炭素材料は，酸素がなければ超高温まで安定で抜群の耐久性があります。

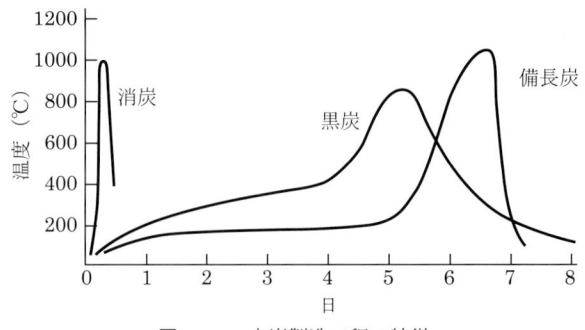

図6.1.2　木炭製造工程の特徴

第6章　炭素と核関連材料

　木炭は古くから，保存，防腐，脱色，脱臭，水の浄化などの用途にも広く使われてきました。奈良市郊外で発掘された太安万侶（古事記の編纂者）の墓からは，銅板の墓誌とともに多量の木炭が出土して世間を驚かせました。

　木炭はかなりの量の灰分（カリウム化合物など）を含んでいるので，その触媒作用によって火付きや火持ちがよいのです。木炭を水洗すると火付きや火持ちが悪くなります。

　木炭の材質や組織は木材の種類と製造工程に深く関係しています。木炭を材質で分類すると，黒炭と白炭そして消炭になります。木炭製造工程の特徴を，図6.1.2で説明します。

　黒炭は一般に使われている木炭です。黒炭の製法は白炭に比べてやや早く昇温させて，炭化した後は焚口を塞いで空気の供給を止めて放冷します。

　消炭は火事場の焼け棒杭です。火災で急激に加熱された木材は細胞膜が破裂してしまいます。これを消火して得られる材料の組織は軟らかで，火付きはよいのですが火持ちが悪く，木炭としては低級です。

　消炭の対極にあるのが白炭で，その傑作が備長炭です。備長炭は表面が白銀色で火持ちがよく，組織が緻密で硬く叩くと金属音がします。備長炭は高価ですが，火力が強くて「遠火の強火」を求める鰻屋や焼鳥屋に好評です。この名称は元禄時代の紀州藩で，炭問屋を営んでいた備中屋長左衛門が発明したことに由来しています。

　備長炭の原料は組織が緻密な姥目樫です。この木は枝分かれが著しくて，まっすぐに育たないので別の用途はありません。備長炭の製造工程の特徴は，伐採した木材を詰めた炭化窯に点火して200℃程度の低い温度で長い時間をかけて水分を追い出し，組織を維持したまま炭化させます。つぎの工程で焚口を開け空気を入れて一気に1,050℃まで昇温させます。この工程を精錬といいます。最後に赤熱した木炭を鈎付きの鉄棒で窯の外に引き出して，湿った灰と土を混ぜた消粉をかけて急冷します。一回の操業に7-10日を必要とします。備長炭の体積は原木のわずか1/8です。備長炭の技術は江戸時代には門外不出でしたが，明治以後は公開されて，現在では高知県と宮崎県そして中国でもつくっています。

　備長炭の技術は和歌山県の無形文化財に指定されています。和歌山県田辺市の郊外には紀州備長炭記念公園があって日常的に炭焼きを実演しています。

石炭とコークス

石炭（coal）は太古の植物が堆積して分解・炭化した化石燃料で，主成分は無定形炭素ですが，炭化の程度によって，草炭，泥炭，亜炭，褐炭，瀝青炭，無煙炭などに分類されます。

中国の山西省で石炭が発見されたのは唐時代末頃です。北宋では石炭で高温に焼成して瓷器をつくっていましたし，都の開封では調理に石炭を使っていました。

欧州で石炭が大規模に利用されたのは産業革命以後です。SL や艦船の燃料は石炭になりましたが，艦船に石炭を積み込むのは大変な重労働でした。西欧の磁器は焼成温度が高いので，昔から石炭を燃料にしていました。

我が国で，艦船や列車の燃料，製鉄，窯炉などに石炭を使うようになったのは幕末頃からで，北九州や北海道で炭坑の開発が進みました。採掘した石炭の屑や粉は練炭や豆炭に加工して燃料にしました。第二次世界大戦後，効率が悪い国内の石炭産業は壊滅しましたが，英国，ドイツ，米国，ロシア，中国などでは，効率の悪い炭坑も依然稼働しています。

高炉製鉄では機械的強度が大きいコークス（骸炭，coke）が不可欠で，良質の強粘結炭を輸入してコークスをつくっています（148頁参照）。副成する芳香族有機化合物からは各種の薬品が，残留ピッチ（瀝青，pitch）からは炭素繊維がつくられています。

石油と天然ガス

石油（petroleum）の成因は，太古の海底に厚く沈積した植物プランクトンなどの有機物が，無酸素状況下で温度と圧力の作用を受けて生成したという生物起源説が有力です。

原油（crude oil）の主成分は炭素数が異なる脂肪族（鎖状）炭化水素の混合物（図 6.1.3）で，少量の芳香族化合物や脂環状化合物を含んでいます。それに加えて，窒素，酸素，硫黄，ナトリウム，マグネシウム，カルシウム，バナジウムなどを含有していますが，原油の組成は油田ごとにかなり違っています。タンカーやパイプラインで輸送した原油を，脱硫・蒸留して各溜分に分別したり，水素添

第 6 章　炭素と核関連材料　111

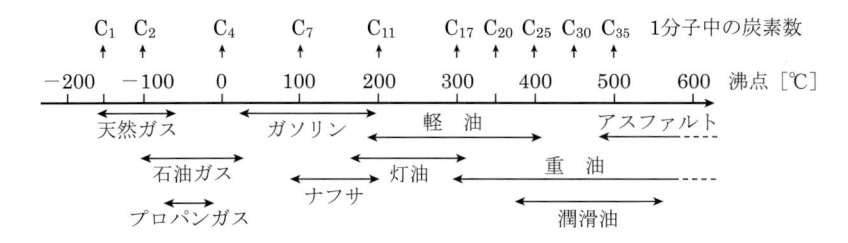

```
      C₁  C₂     C₄     C₇    C₁₁    C₁₇ C₂₀ C₂₅ C₃₀ C₃₅  1分子中の炭素数
      ↑   ↑      ↑      ↑     ↑      ↑   ↑   ↑   ↑   ↑
    −200 −100    0     100   200    300 400     500     600  沸点 [℃]
       天然ガス         ガソリン       軽　油          アスファルト
           石油ガス            灯油          重　油
              プロパンガス    ナフサ              潤滑油
```

図 6.1.3　石油製品の沸点と，1 分子中の炭素数

加して改質したりする操作を石油精製といいます。

　第二次世界大戦中は石油の一滴は血の一滴でしたが，戦後は中東諸国で膨大な埋蔵量をもつ油田が開発されて，大型タンカーで安価な原油が安定供給されるようになりました。我が国でも各地の港湾に精油所や石油化学コンビナートが建設されました。第二次大戦後の各国の急速な経済成長には，低廉な液体燃料の供給が大きく貢献しています。

　天然ガス（LPG，liquefied petroleum gas）の主成分はメタンで，液化すると体積が 1/600 に，密度が $0.42\,\mathrm{g/cm^3}$ になります。大気圧下での液体メタンの沸点は −162℃ と低温ですから専用の冷凍船で運搬します。

活　性　炭

　活性炭（active carbon）は，賦活(ふかつ)（活性化）処理することで吸着特性を著しく向上させた炭素材料で，食品工場，製糖工場，醸造工場，製薬工場，浄水場などでの脱臭・脱色・水処理や，防毒マスクなどに広く使われています。家庭でも浄水器や冷蔵庫の脱臭剤などに使われているのでおなじみです。原子力潜水艦や宇宙船のような狭い閉鎖空間では，ガス状の有機物やコロイド状の浮遊物を吸着・除去するのに活性炭が不可欠です。これによって隔離(かくり)された空間でも長期滞在が可能となったのです。活性炭の吸着力は物理吸着によるもので，比表面積は $500\text{-}1{,}700\,\mathrm{m^2/g}$ にもなります。

　活性炭の外形は，粒状，粉末，繊維状などがありますが，粒状活性炭の需要が最大です。粒状活性炭の原料としては椰子殻(やしがら)や石炭などが，粉末活性炭の原料に

は鋸屑(のこくず)などが，繊維状活性炭の原料には有機繊維が利用されています。それら原料を炭化処理したものを水蒸気中で 900-1,000℃に加熱して活性化するのです。塩化亜鉛を使って 550-700℃で加熱処理し活性化する方法もあります。

6.2 先進炭素材料

超高純度等方性黒鉛材料

　超高純度等方性黒鉛材料の製造技術は，本来異方性である黒鉛で等方性の材料を製造するという点が独創的で，異方性を 2%以下に抑えた 1m 角もある大型材料を製造できます。この材料は金属と同じように機械加工ができるという点でも画期的です。

　この材料は，超高純度シリコン単結晶製造装置（186 頁参照），半導体加工装置の治具(じぐ)，放電加工機の電極，鉄鋼連続鋳造用ダイス，固体燃料ロケットやミサイルのガス噴出口，摺動(しゅうどう)材料，原子炉の中性子減速材料などに採用されています。

　超高純度等方性黒鉛材料の製造法の要点は，①油田や炭坑から入手できる均質な炭素系原料を 900℃以上で加熱処理してできる無定形炭素を微粉砕して，粘結剤のピッチを加えて加温し徹底的に混練する。②静水圧プレス（CIP）で必要な大きさの塊に成形する（127 頁参照）。③この原料を数週間かけてゆっくり 900℃まで昇温して素材を炭素化する。④焼結体を真空容器中で加温してピッチやオイルを細孔に含浸(がんしん)させる。③と④の作業を数回繰り返す。⑤成形品を黒鉛粒子群の中に埋めて，大電流を直接通電して 2,500-3,000℃の温度で数ヵ月間加熱して黒鉛化させる。⑥その間は少量の塩素ガスやフロンガスを炉に送って不純物元素を気散（ハロゲン化合物は蒸気圧が大きい）させて，超高純度を実現するというものです。この技術は東洋炭素㈱が 1971 年に開発しました。

炭素繊維

　炭素繊維（カーボンファイバ，carbon fiber）は天然には存在しない材料で，有機繊維を上手に蒸し焼きにしてつくります。各種繊維について研究されましたが，現在量産されている炭素繊維は PAN 系とピッチ系だけです。PAN 系炭素

繊維の原料はポリアクリロニトリル（polyacrylonitrile）です。ピッチ系炭素繊維の原料には石油系と石炭系とがあります。

　一般的には，PAN系炭素繊維は高強度が，ピッチ系炭素繊維は高弾性率が得意で，ピッチ系炭素繊維はPAN系炭素繊維に比べて価格が安いという特徴があります。炭素繊維は原料処理と熱処理の条件を工夫することによって機械的特性を向上させることが可能です。

　炭素繊維は，高強度，耐熱性，耐久性，耐食性などの性質が優れていて，比重が2.2と軽いので広い用途があります。汎用グレードの炭素繊維は，耐熱濾過材，耐熱断熱材，シール材，コンクリート強化用などに使われています。表面を活性化処理した活性炭素繊維は，吸着剤や電池用電極材料に使われます。高性能炭素繊維は先進複合材料に用いられます（132頁参照）。

　PAN系炭素繊維の製造工程は4段階に分かれます。①紡糸して直径10μm以下のプリカーサ（繊維状前駆体，precursor）をつくる。②空気中で200-300℃に加熱して繊維表面を酸化（安定化，不融化，耐炎化）して保護する。③不活性雰囲気中で800-2,000℃に加熱して炭素化する。④不活性雰囲気中で2,500-3,000℃に加熱して黒鉛化処理する。③の工程と④の工程の処理条件は用途に応じて変わります。なお，①紡糸工程と③の工程で延伸操作を施すことで繊維の機械的特性（強度，弾性率など）を向上させることができます。

　光学的に等方性なピッチ系炭素繊維の製造工程はPAN系炭素繊維の工程と同様ですが，光学的に異方性のメソフェーズピッチを用いると，延伸処理することなく高強度・高弾性繊維を製造できます。

　PAN系炭素繊維は，1961年に大阪工業試験所の進藤昭男が発明しました。ピッチ系炭素繊維は，群馬大学の大谷杉郎が1963年に発明しました。

　2006年における世界中の炭素繊維生産量は28,000tonでしたが，日本の大手3社 東レ㈱，東邦テナックス㈱，三菱レイヨン㈱がその70%を生産しました。東邦テナックス㈱は帝人㈱の子会社です。

カーボン皮膜

　真空蒸着，CVD 法（化学的気相蒸着法），プラズマ CVD 法，プラズマ・トーチ法，燃焼炎法などいろいろな手段を使って，各種材料の表面に比較的低温度でカーボン皮膜を付着させる研究が進んでいます。それらの皮膜の中には，ダイヤモンド，黒鉛，そして無定形炭素に近い性状や中間的性状を示すものがあって，それらを DLC（diamond like carbon）と呼んでいます。DLC は sp^2 結合と sp^3 結合が混在する非晶質無機物です。DLC の中にはダイヤモンドに劣らない硬度・耐摩耗性・耐食性を示すものや，それに加えて低摩擦という特性を備えた皮膜もあります。金属部品はもちろん，ゴムやプラスチックなど軟らかい材料の上にも 10μm 程度の薄い皮膜を形成する技術も実用化されました。たとえば，コンパクトカメラのレンズ鏡筒のズーム部分に，DLC 皮膜をつけた O リングが採用されています（164 頁参照）。

フラーレン

　フラーレン（fullerene）は炭素だけでできている分子（C_n）の総称です。黒鉛は六員環だけで構成されているので平面状に拡がっていますが，フラーレンは六員環と五員環でできているので曲面構造の分子になります。

　C_{60} は六員環が 20 個と五員環が 12 個からなる 32 面体で，サッカーボールによく似ています（図 6.2.1 左）。黒鉛にレーザー光線を照射すると，フラーレンが生成することが発見されたのは 1985 年のことです。フラーレンの名称は C_{60}

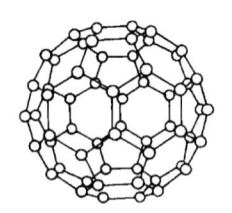

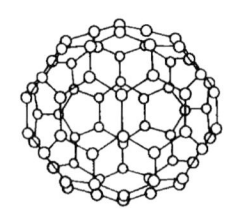

図 6.2.1　（左）C_{60} フラーレンの分子構造　（右）C_{70} フラーレンの分子構造

分子の形状がモントリオール万博のドームに似ていたことから命名されました。C_{70} はラグビーボールに似た立体構造の分子です（図 6.2.1 右）。それ以外にも C_{76}，C_{82}，C_{84}，C_{90}，C_{96} などが見つかっています。

フロンティアカーボン㈱は，減圧容器の中でベンゼンやトルエンを 1,000℃以上の温度で不完全燃焼させる方法で，フラーレンを量産する技術を確立しました。この方法で製造されるフラーレンは，C_{60} が 50％，C_{70} が 25％，残りはその他フラーレンの混合物です。混合物は有機溶媒に溶かして再結晶してそれぞれの結晶に分離できます。2003 年には月産 4 ton の設備が稼働しました。2007 年には月産 1,500 ton の設備を建設して，価格が 1 万円/ton に低下しました。

フラーレンはサッカーボールの中に金属原子などを収蔵することが可能で，燃料電池，トナー，ガス吸着材，医療用，化粧品，触媒，研磨剤など，いろいろな応用研究が進んでいます。NASA はフラーレンで月面基地の生活環境を浄化する研究を行っています。フラーレンを含む水に紫外線を照射すると，高エネルギーの光子を発生します。この光子が水中の酸素と相互作用して，殺菌力がある活性酸素を生み出してバクテリアを分解するという筋書きです。

カーボンナノチューブ

フラーレンの親戚に，日本電気㈱の飯島澄男が 1991 年に発見した，カーボンナノチューブ（carbon nanotube）があります。ナノチューブは黒鉛の層を筒状

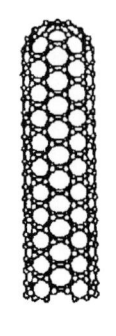

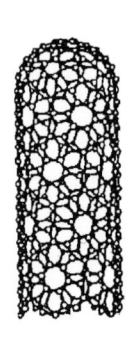

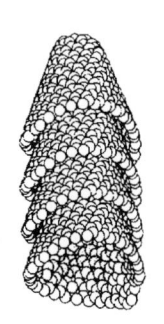

図 6.2.2　各種カーボンナノチューブの立体構造

に丸めたような構造をもっていて，炭素の六員環と五員環とでできています（図6.2.2）。チューブの最小径は0.7 nmで，二重パイプや三重パイプ構造のナノチューブや，底が抜けたコップを重ねたようなカップスタック型ナノチューブ，そしてチューブが螺旋状に伸びたナノコイルも存在します。

電子放出材料，水素吸蔵材料，触媒，高性能燃料電池，バイオなどいろいろな応用研究が行われています。カーボンナノチューブの量産はフラーレンに比べると遅れていますが，2004年には年産4 tonの設備が稼働しました。

6.3 核関連材料

同位体

原子番号が同じで質量数が違う原子を同位体（isotope）といいます。同位体は化学的性質は全く同じで，質量数が異なる元素です。一般にそれぞれの元素は質量数が違う何種類もの同位体をもっています。元素の原子量が整数でない理由は，質量数が違う同位体の混合物だからです。同位体の存在比はそれぞれの元素ごとに違っています。

たとえば，原子量が12.0107の炭素は，$^{12}_{6}C$が98.892%，$^{13}_{6}C$が1.108%，そして極微量存在する放射性炭素$^{14}_{6}C$からできています。原子量が238.0289の天然ウランは，$^{238}_{92}U$が99.2745%，$^{235}_{92}U$が0.720%，$^{234}_{92}U$が0.0055%で構成されています。

放射性元素

ベクレル（A.H.Becqrel）は，レントゲン（W.C.Röntgen）のX線発見（1895年）に触発されて，ウランから放出される放射線が写真乾板を黒化することを発見しました（1896年）。キュリー夫妻（P.Curie & M.Curie）は，この仕事を発展させて元素の放射能を発見し，放射性元素のラジウムRaとポロニウムPoを単離しました（〜1902年）。

ラザフォード（D.Rutherford）らは，放射性元素が自発的に放射線を出して別の元素に変わる現象（放射性壊変）を発見しました（1902年）。

放射性壊変（disintegration）にはα壊変とβ壊変とがあります。α壊変は，原子核がα粒子（ヘリウム原子）を1個放出して，核種の原子番号が2，質量数が4減少します。β壊変は，原子核が電子を1個放出して，核種の原子番号が1増加します。質量数は不変です。放射性核種の壊変は常に一次反応則に従います。したがって放射線の強度は指数関数的に減衰して，決まった時間ごとに必ず半減します。これを半減期（$t_{1/2}$，half life）といいます。

放射性同位体の半減期と壊変形式そして放射能の強さは，それぞれの同位体ごとに全く違っています。たとえば，$^{238}_{92}U$の半減期は44.68億年，$^{235}_{92}U$の半減期は7.038億年，$^{237}_{92}U$の半減期は6.75日，$^{239}_{92}U$の半減期は23.5分という具合です。

アインシュタイン（A.Einstein）は相対性理論を発表して，エネルギーと質量との間につぎの関係があることを証明しました（1905年）。ここで，Eはエネルギー，mは質量，cは光速です。

年代測定

放射性炭素による年代測定法はリビー（W.F.Libby）が創始しました（1947年）。空気中の窒素が宇宙線の中性子照射を受けると放射性炭素が$^{14}_{6}C$生じます。（式6.3.1）。

$$^{14}_{7}N + ^{1}_{0}n \rightarrow ^{14}_{6}C + ^{1}_{1}H \qquad (式6.3.1)$$

生成した微量の$^{14}_{6}C$は二酸化炭素になって動植物に取り込まれ排出されて平衡に達します。生物の命がつきた後は，$^{14}_{6}C$が徐々に壊変して減衰します。そこで遺物について$^{14}_{6}C$の放射線を測定して年代を知ることができます。$^{14}_{6}C$の半減期は5,730年ですから，数千年ないし数万年前の年代測定に最適です。

最新のタンデトロン加速器質量分析装置（AMS）を使えば，数mgの試料について年代測定ができます。$^{14}_{6}C$による年代測定法は，①地表に降りそそいでいる宇宙線に含まれている中性子量が変化しない。②植物は空気中の炭素同位体の比率（$^{12}_{6}C : ^{13}_{6}C : ^{14}_{6}C$）と同じ比率で炭素同化を行っていると仮定していますが，これらの仮定は正確ではないので補正する必要があります。暦年較正を行った測定値が6,500 cal B.P.であれば，1950年を起点として6,500年前の遺物であることを表しています（48頁参照）。

岩石や地層の年代を測定するには，寿命が長い放射性同位体を利用します。

$$E = mc^2 \qquad (\text{式 6.3.2})$$

放射性元素のポロニウム $_{84}$Po は常時，微量の α 粒子（$_2^4$He）を放出しています。チャドウィック（J.Chadwick）はその α 粒子をベリリウム $_4^9$Be 箔に当てると，中性子 $_0^1n$ が発生することを発見しました（1932 年）。

$$_4^9\text{Be} + {}_2^4\text{He} \rightarrow {}_6^{12}\text{C} + {}_0^1n \qquad (\text{式 6.3.3})$$

フランスのジョリオ・キュリー夫妻（J.F.J-Curie & I.J-Curie）は，ポロニウムから放射する α 粒子をアルミニウムに照射すると放射性の燐が生じることと，生成した燐が不安定ですぐに分解して珪素になって，陽電子 e^+ を放出することを発見しました（1934 年）。この発見以来，人工放射性同位体の創成が加速度的に増えて，1937 年には 200 種に達しました。

$$_{13}^{27}\text{Al} + {}_2^4\text{He} \rightarrow {}_{15}^{30}\text{P} + {}_0^1n \qquad (\text{式 6.3.4})$$

$$_{15}^{30}\text{P} \rightarrow {}_{14}^{30}\text{Si} + e^+ \qquad (\text{式 6.3.5})$$

核分裂と超ウラン元素

イタリアのフェルミ（E.Fermi）らはウランに熱中性子を照射すると，ウランとは違う放射性元素が生成することを発見しました（1938 年）。彼らは超ウラン元素ができたと考えたようですが，それは間違いでした。それよりも熱中性子（減速した遅い中性子）がウランの原子核に吸収されやすいという事実は大発見でした。高速中性子は減速材で衝突を繰り返すと次第にエネルギーを失って，ついには減速材の熱運動エネルギーに等しくなります。こうしてできる熱中性子は常温で 0.025 MeV のエネルギーをもっています。減速材としては，軽水，重水，黒鉛，パラフィン，ベリリウムなどが使われます。

ドイツのハーン（O.Hahn）らは天然ウランに熱中性子を照射すると，フェルミらの予想と違って，天然ウランに 0.72% 含まれている $_{92}^{235}$U の原子核が中性子を吸収して不安定になって，二つの原子核に分裂するという事実を発見しました（1939 年）。

$^{235}_{92}$U の核分裂反応で生じる生成物は，質量数 72 から質量数 161 まで 100 種類以上もあるので，それらの組み合わせは非常に多くなります（式 6.3.6 などなど）。これらの核分裂では 2-4 個の高速中性子を放出します。高速中性子の平均エネルギーは 2 MeV です。

$$^{235}_{92}\text{U} + ^1_0n \rightarrow \begin{cases} ^{144}_{54}\text{Xe} + ^{90}_{38}\text{Sr} + 2^1_0n \\ ^{143}_{56}\text{Ba} + ^{90}_{36}\text{Kr} + 3^1_0n \\ ^{135}_{53}\text{I} + ^{97}_{39}\text{Y} + 4^1_0n \end{cases} \quad (式 6.3.6)$$

米国に亡命したユダヤ人科学者とアインシュタインはルーズベルト大統領に親書を送って，ドイツが原子爆弾を開発する危険のあることを警告しました（1939年）。ナチス・ドイツは 1939 年 9 月 1 日ポーランドに侵攻して，イギリスとフランスも巻き込んで第二次世界大戦が勃発しました。

カリフォルニア大学のシーボーグ（G.T.Seaborg）らは，$^{238}_{92}$U に熱中性子を照射したときの反応を詳しく分析して，人工超ウラン元素であるネプツニウム $^{239}_{93}$Np やプルトニウム $^{239}_{94}$Pu が生成していることを発見しました（1940 年）。

$$^{238}_{92}\text{U} + ^1_0n \rightarrow ^{239}_{92}\text{U} \quad (式 6.3.7)$$

$$^{239}_{92}\text{U} \xrightarrow{t_{1/2}=23\text{ min}} ^{239}_{93}\text{Np} \xrightarrow{t_{1/2}=2.3\text{ day}} ^{239}_{94}\text{Pu} \quad (式 6.3.8)$$

ルーズベルト大統領は原子爆弾の開発計画を許可しました（1942 年 7 月）。

核反応を持続させるには連鎖反応を実証しなければなりません。米国に亡命したフェルミらは，天然ウラン 40 ton と黒鉛 385 ton とカドミウム制御棒を使った第一号原子炉（シカゴパイル第一号）を建設して，連鎖反応が起きることを確認しました（1942 年 12 月）。

マンハッタン計画が始動して，ウラン濃縮工場と原子炉が建設され，$^{235}_{92}$U との $^{239}_{94}$Pu 量産がはじまりました。

原子爆弾

最初の原子爆弾は，広島に投下された総重量：4 ton のウラン爆弾（リトルボーイ）と，長崎に投下された総重量：4.5 ton のプルトニウム爆弾（ファットマン）

でした。広島型爆弾は臨界質量以上の90％高濃縮 $^{235}_{92}U$ を半球状に成形して左右に分離して配置し、爆薬に点火して合体・爆発させました。そのとき連鎖反応が確実に起こるように、ポロニウムとベリリウムからなるイニシエータ（連鎖反応開始装置、inisiator）を、左右の半球に分離して置きました。広島型爆弾は構造が簡単ですから、実証実験をしないで1945年8月6日に投下しました。プルトニウム爆弾は広島型構造では未熟爆発を防止することが無理と判断されて、インプロージョン（爆縮、inplosion）方式と呼ばれる複雑な反応開始装置が考案されました。爆縮は爆発（explosion）と反対に強引に握り潰すことを意味しています。この爆弾でもイニシエータが使われました。長崎型爆弾は7月16日の実証実験で性能を確認して、8月9日に投下しました。

原子力発電

パンドラの壺は蓋が開けられたのです。核エネルギーはもう避けては通れません。原子力の平和利用は非常に重要な問題です。

現在日本国内に設置されている $^{235}_{92}U$ の核分裂を利用する熱中性子型原子炉は55基で、総発電量の29％を原子力発電でまかなっています。100万kW／年の電力量をつくるのに、ウラン鉱石が約4万ton（濃縮ウランでは30ton）必要ですが、石炭火力発電では220万ton、石油火力発電では140万tonの燃料を必要とします。

軽水型原子炉

日本で稼働している原子炉の減速材は水(軽水)です。軽水型原子力発電所では、ウランが核分裂する時の熱を利用して水を沸騰させ、その蒸気で発電機のタービンを回しています。原子炉からタービンまで直接蒸気が流れるタイプの炉を、沸騰水型原子炉（BWR, boiling water reactor）と呼びます（図6.3.1）。もう1系統の蒸気の流れを介してタービンを回すタイプの炉を、加圧水型原子炉（PWR, pressurized water reactor）と呼んでいます（図6.3.2）。

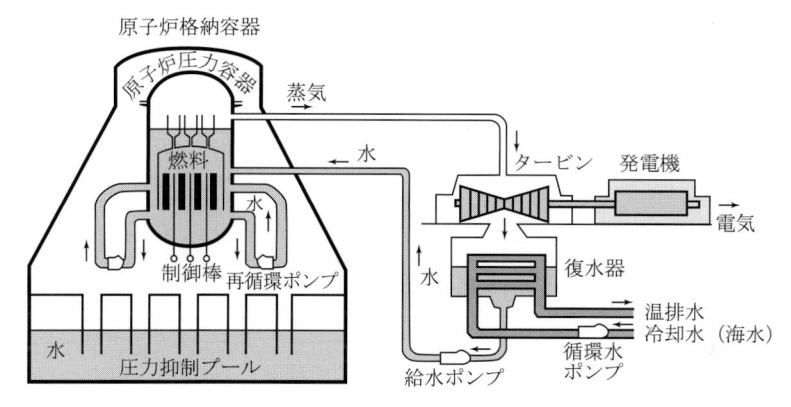

図 6.3.1　沸騰水型原子炉（BWR）発電所の概念図

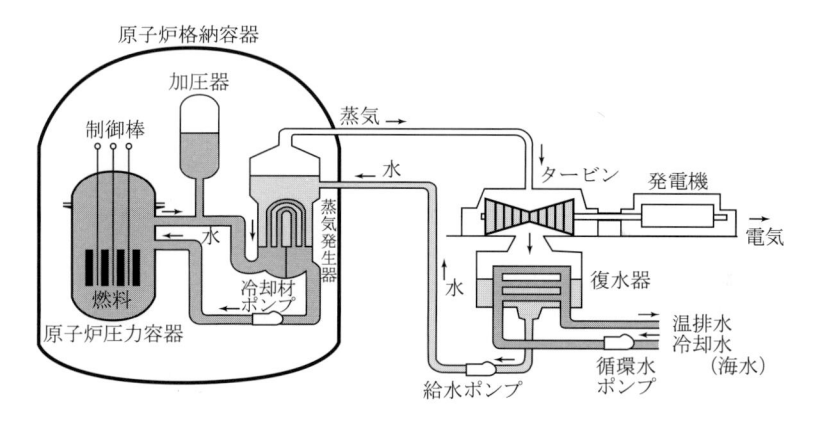

図 6.3.2　加圧水型原子炉（PWR）発電所の概念図

核燃料と制御材料

　核分裂を利用する原子力発電では，天然ウランには 0.72% しか含まれていない $^{235}_{92}U$ を 3% 程度に濃縮した核燃料を米国などから輸入しています。濃縮ウランの製法は，ウラン鉱石を硫酸と酸化剤を用いて抽出してアンモニアを加えると，黄色ケーキとよばれる二ウラン酸アンモニウム（$(NH_4)_2U_2O_7$）が沈殿します。沈殿を 350℃に加熱して UO_3 にしたのち，水素還元して黒色の UO_2 にします。

UO_2 に弗素ガス（F_2）を作用させると，56℃以上で気体の UF_6 になります。遠心分離法や熱拡散法で UF_6 についてウランを濃縮します。

酸化物セラミックス核燃料である UO_2 は，直径と長さが 10 mm 程度のペレットに成形・焼結して使います。肉厚が 0.7-0.8 mm 程度のジルコニウム合金製の被覆管(ひふく)に，350 個ほどのペレットを入れて両端を熔封します。これを燃料棒といいます。燃料棒を 60-260 本くらい束ねたものが燃料集合体です。

核分裂の連鎖反応を一定の割合に保持させる制御材としては，中性子吸収効果が大きい Cd，B，Hf などの化合物，たとえば B_4C セラミックスが採用されます。

軽水型原子炉は炉心を二重に完全密封しています。内側の密封容器を原子炉圧力容器，外側の容器を原子炉格納容器といいます。これに対して，1986 年に事故を起こしたチェルノブイリ原子炉は減速材に黒鉛を使っていました。この原子炉は密封されていなかったので，広島型原爆の 500 倍もの放射性物質が空気中に放出されて大事故になってしまいました。

核廃棄物

軽水型原子炉を運転していると，$^{235}_{92}U$ の核分裂が進行すると同時に，$^{238}_{92}U$ が中性子を吸収してプルトニウムが生成します。十分燃焼した燃料の中には多量のプルトニウム（$^{239}_{94}Pu$ が 56％，$^{240}_{94}Pu$ が 23％，$^{241}_{94}Pu$ が 14％，$^{242}_{94}Pu$ が 5％くらいの割合）が含まれています。

使用済み核燃料は再処理しなければなりません。これが大問題です。核燃料再処理工場建設反対，使用済み核燃料保管施設も反対，使用済み核燃料を外国で処理してもらうのも大反対，一体どうすればいいのでしょうか？

半減期が長い放射性廃棄物の処理も大変です。廃棄物をガラス化してドラム缶に熔封したり，廃棄物をコンテナに入れてコンクリートで封止して，地下深くに埋めることが多いのですが，これにも多くの反対があります。

高速増殖炉と核融合炉

アメリカは多量のウラン核燃料をもっていますが，土地が広大ですから放射性廃棄物の保管場所や核燃料再処理施設の建造にも困ることはありません。

しかしエネルギー資源が乏しい国では高速増殖炉の研究は重要です。高速増殖炉では核分裂で生成する高速中性子を減速することなく核燃料と反応させます。したがって，冷却材として熱輸送能力が大きい高温の液体金属ナトリウムを，核燃料としては$^{239}_{94}$Puを20％くらい含有するウラン・プルトニウム酸化物を使用します。これによって$^{238}_{92}$Uが$^{239}_{94}$Puに変換されて，軽水炉では廃棄物に過ぎないウラン238の有効利用が達成できるのです。しかしナトリウムは水と激しく反応しますから装置の設計・建設・維持が大変です。1995年にナトリウム漏れ事故を起こした「もんじゅ」は一体どうするのでしょうか？

長期的には核融合炉の開発が重要で，この技術が確立すれば人類はエネルギー問題を克服したことになります。

人口急増

人類の未来は薔薇色ではありません。20世紀初頭は15億人だった世界人口が，20世紀末には60億人に増加して，今世紀の半ばには100億人を超えることでしょう。

産業革命以前の人類は化石燃料を利用していませんでした。江戸時代の日本列島は完全なリサイクル社会で，化石燃料の消費量はゼロでした。それが現在の日本人は一人一日に原油換算で10ℓもの化石燃料を消費しています。

中国やインドなど開発途上の人口超大国が経済大国へと発展しているので，埋蔵エネルギーや資源の消費量が幾何学的に増加しています。快適な生活を求める人類の要求はとても阻止できません。人類は再生可能なエコライフの限界を超えてしまったのではないでしょうか？このまま推移すれば，21世紀中に地球システムが崩壊することは避けられません。

世界の中で格差が小さい社会は北欧諸国など人口が少ない小国だけです。人口が多い大国は，少数の権力者と大富豪そして大多数の貧民というのが一般的な構図で，すさまじい格差と差別の社会です。日本国内における格差など，地球全体からみれば問題にもなりません。

核戦争の恐怖

第二次世界大戦が終わってまもなく冷戦の時代に突入しました。水素爆弾は原子爆弾を起爆剤として，重水素化リチウムや三重水素化リチウムをプラズマ状態にして圧縮し，瞬間的に超高温として爆発的に核融合反応を起こさせます。1954 年，ビキニ環礁で実験した最初の水爆は広島型原爆の約 1,000 倍の威力がありました。米・ソ冷戦時代は恐怖の均衡が続きましたが，幸いなことに 1 発の核兵器も使われませんでした。

これまでに製造された核弾頭の総数は 20,000 発を超えていると推定されています。核弾頭は経年劣化するので正確な保有数は分かりませんが，米国：6,000 発以上，ロシア：5,000 発以上，中国：450 発程度，フランス：400 発程度，イギリス：200 発程度の核弾頭を保有しているという説が有力です。イスラエルが 200 発程度の核弾頭を保有しているのは公然の秘密です。インドとパキスタンも核保有国になりました。

核爆弾の輸送手段は，大陸間弾道ミサイル，潜水艦搭載ミサイル，巡航ミサイル，航空機搭載ミサイル，テロリストによる地上搬入などいろいろです。世界の海には十数隻の原子力空母が遊弋しています。原子力潜水艦は，ロシアが 120 余隻，アメリカは 110 余隻が現役で就航しています。世界各国ですでに退役した原子力潜水艦の合計は 200 隻を超えているのです。

地表や空中での核爆発は大惨事を生じますが，高度数百 km における高度爆発は情報通信網に対する重大な電磁パルス攻撃として懸念されています。

私は，21 世紀の人類が核戦争で人口増加を抑制するかも知れないことを危惧しています。誰かが 1 発でも核弾頭を発射すれば，即日数千発の核爆弾が炸裂することは確実です。核危機（crisis）は深刻です。

人類が滅亡しても地球自体が困ることはありません。太陽系はこれから数十億年存在することが分かっています。人類が滅亡したとしても，たびたび地球を襲った破局と同じように地球システムはいずれは再生します。そのとき次の時代を担う生命体は何でしょうか？　それはサイボーグかも知れません。サイボーグ（cyborg：cybernetic organism の略）は，普通の人間には耐えられない異常で苛酷な環境に順応できるように，生体機能の重要部分を人工臓器で代用させた生き物を指しています。

強度関連材料

7.1　高強度材料

強度と弾性率

　建造物を構成する構造材料には機械的性質が重視されます。構造物の強度は材料力学を使って計算します。

　一般に材料の強度と弾性率は，試料に加えた荷重と長さの変化を測定して得られます。これを図 7.1.1 で説明しましょう。

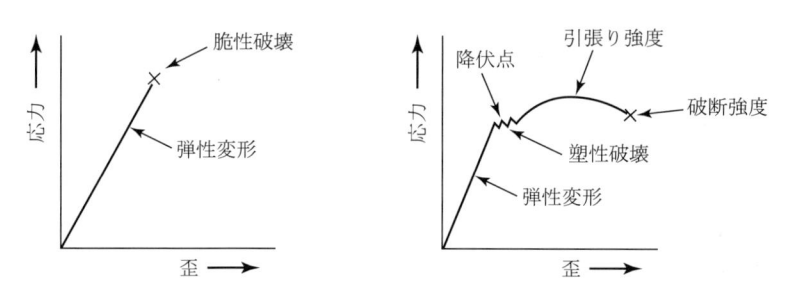

（左）セラミックスで一般的な脆性破壊　（右）金属で一般的な塑性変形
図 7.1.1　材料の応力 - 歪曲線

材料に荷重（力）を加えると，原子間距離が僅かに変化して変形が生じます。力は応力（stress）σ で定義され，MPa や GPa の単位で表されます。変形は歪（strain）ε で定義され，元の長さに対する変化率％で表されます。

$$\sigma = E\varepsilon \qquad (式 7.1.1)$$

応力‐歪曲線の限界応力以下では，荷重を除くと歪が消えて元の長さに戻ります。この領域では応力と歪は比例します。この比例定数が材料の弾性率 E（modulus of elasticity）です。縦弾性率をヤング率（Young's modulus）といいます。
　セラミック材料は脆性材料（brittle material）で，破壊が起きる応力（破壊強度，fracture strength）まで弾性的に行動します。脆性材料は破壊強度の測定値が試料ごとに大きく変動するのも問題です。
　これに対して，金属材料や高分子材料は延性材料（ductile material）です。これらの材料はある応力値までは弾性的に振る舞いますが，降伏点（yield point）以上では塑性変形（plastic flow）が生じて，荷重を除いても変形が残ります。限界荷重以上の荷重を負荷したときに，変位が急激に増加する現象を降伏点といいます。さらに応力を増して破壊強度に達すると材料が破断します。
　金属材料や高分子材料では強度を引張り強度で評価します。しかし脆性材料では信頼性がある引張り強度の測定値を得ることが難しいのです。そこで先進セラミックスでは曲げ強度，コンクリートでは圧縮強度を用いるのが普通です。

破壊靭性

　弾性率は原子間結合力で決まります。現実の多結晶セラミック材料の破壊強度は 0.4-0.8 GPa 程度で，この値は理論強度の僅かに 1/100 程度に過ぎません。セラミック材料の破壊強度値が小さいのは，材料中に微小欠陥が存在することが理由とされています。材料に外力が加わると，亀裂（crack）の先端に応力が集中して破壊が起こります。応力集中の程度は亀裂モードⅠの応力拡大係数 K_I で表され，K_I が大きくなると亀裂が急速に進展して破壊が生じます。この値を臨界応力拡大係数とか，破壊靭性（fracture toughness）K_Ic と呼びます。K_Ic は材料の粘り強さの尺度で，そのときの応力 σ が材料の破壊強度です。

コンピュータが進歩しても未知の事象を判断することは非常に難しいことです。窓ガラスに石を投げれば割れることは確かですが，亀裂がどのように進展するかは予測することはできません。材料の破壊強度は内部組織の弱点（不純物，粗大結晶粒，亀裂，気孔など）や加工傷の大きさによって決まります。その大きさはセラミックスでは10-100μmで，この値は金属材料の1/10-1/100程度です。このような微小な欠陥を検出して，それを制御する技術はまだ確立されていません。

セラミック材料は機械的衝撃のほか，熱的衝撃に弱いことも大きな欠点です。熱衝撃性に大きく関係するのは熱膨張率です。

高温・高強度・軽量セラミックスへの挑戦

セラミック材料は,耐熱性,耐食性（耐蝕性),耐久性,耐摩耗性,高強度,高靭性,高剛性，高硬度など優れた特性をもっています。現在の航空機エンジンの効率は良いとはいえません。ガスタービンエンジンの作動温度を1,300℃以上にできれば燃費が30％向上するということで，1970年代の米国で，高温・高強度・軽量セラミックスのプロジェクト研究がはじまりました。ドイツと日本でも追っかけ研究を開始しました。研究対象は，珪素，アルミニウム，硼素などの，炭化物，窒化物，酸化物で，軽元素からなる共有結合性化合物です。中でも，炭化珪素，窒化珪素，サイアロン（SiAlON），炭素繊維複合材料などが研究の中心でした。これらの材料はどれも天然には存在しない物質です。

高強度セラミックスの製造技術

高温・高強度・軽量セラミックスで，複雑形状の製品をつくるのは容易なことではありません。これらの材料はどれも難焼結性物質で，原料粉体や焼結体の製造条件で材料の特性値が大きく変化するからでです。

高強度セラミックスの強度は,曲げ強度で表示します。代表的な高強度セラミック材料の特性を図7.1.2に示します。

一軸加圧装置で原料粉体を成形すると成形体に歪みがはいります。これを避けるのに，普通はゴムの袋に原料を入れて周囲から液体で均一にプレスする冷間静

128　第7章　強度関連材料

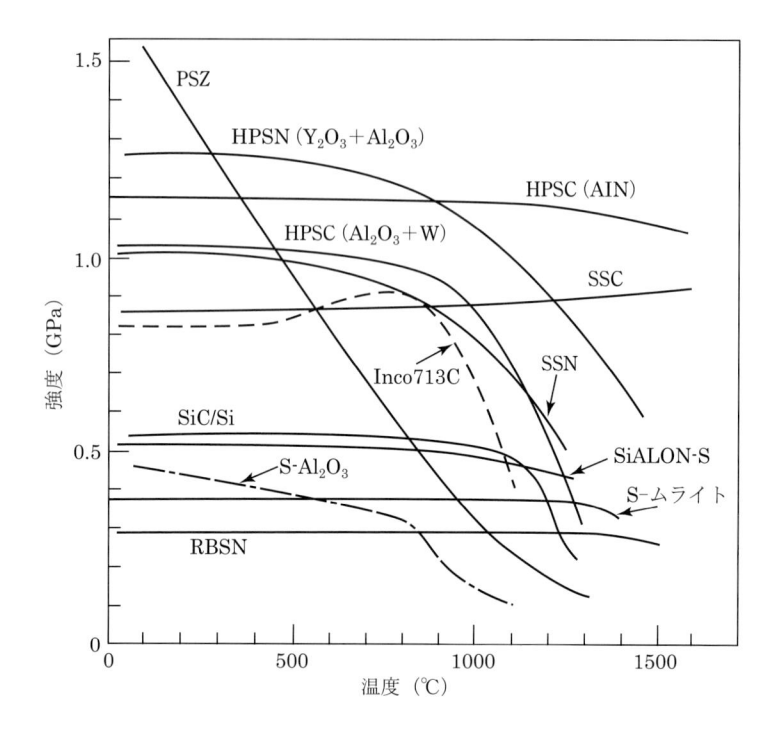

図 7.1.2　代表的な高温・高強度セラミックスの曲げ強度

S：焼結，SSC：常圧焼結炭化珪素，HPSN：ホットプレス窒化珪素，
PSZ：部分安定化ジルコニア，RBSN：反応焼結窒化珪素，
Inco713：ニッケル系耐熱合金

奥田 博・平井敏雄・上垣外修巳 編，『構造材料セラミクス（ファインセラミクステクノロジーシリーズ 6)』，オーム社，(1987 年)，p.31

水圧加圧（CIP, cold isostatic pressing, ラバープレス）装置を使って成形します。

　難焼結性セラミックスの焼結では，加熱雰囲気の選定も非常に重要です。成形体を加熱して焼結させるには，反応焼結法，常圧焼結法，高圧焼結法，熱間静水圧プレス法（HIP, hot isostatic pressing）などが使われます。固相反応では液相がごく少量でも生じると焼結が促進されて，生成した材料の耐熱性が著しく低下することが分かっています。

多くの努力が積み重ねられたのですが,目標としていた高強度・軽量・高温セラミックスは現在でも完成していません。多種類の小さなセラミック部品は実用段階に達したのですが,夢のセラミックエンジン本体の開発計画は挫折しました。高強度・軽量・高温セラミックスへの挑戦成果は21世紀に持ち越されたのです。

代表的な高強度・軽量・高温セラミック材料について,製造上のさまざまな工夫を以下で説明しましょう。

アルミナセラミックス

酸化アルミニウム（アルミナ,alumina,Al_2O_3）にはいくつもの多形が存在しますが,重要な化合物はα-アルミナです。

バイヤー（C.J.Bayer）は,ボーキサイト（bauxite,$Al_2O_3 \cdot nH_2O$）を原料とするα-アルミナ製造法を1888年に発明しました。バイヤー法では,ボーキサイトを水酸化ナトリウム（NaOH）の水溶液中で,圧力：400-500 kPa,温度：150-200℃で,0.5-1 hr程度処理してアルミナ成分を溶解させます（鉄やチタンは溶解しません）。濾過したアルミン酸ナトリウム（$NaAlO_2$）水溶液に種結晶を加えると,ギブサイト（gibbsite,$Al_2O_3 \cdot 3H_2O$）の結晶が沈殿します。沈殿を濾過して800℃以上に加熱するとα-アルミナができます。1998年に世界中で生産された3,600万tonのアルミナの99％がバイヤー法でつくられました。バイヤー法アルミナの汎用品は純度：99.5％程度ですが,沈殿に弗化物や硼化物を添加して焼成する方法で,純度：99.99％のローソーダアルミナを製造できます（183頁参照）。

アルミナセラミックスは,高温では強度が劣化しますが,化学的に安定で安価で製造法が確立していますから,苛酷な条件下以外では万能型の構造材料です。原料はバイヤー法でつくる易焼結性アルミナ粉末です。一般的なアルミナセラミックスは,原料に1-5％の焼結助剤（弗化リチウムなど）を加えて成形して,1,600-1,700℃に加熱してつくります。純度：99.95％,相対密度：99％以上の緻密な部品は,原料粉末に少量のMgOを添加して成形し,常圧で1,600℃に加熱してつくります。アルミナセラミックスは,点火栓,回路基板,耐摩耗部材などに広く使われています。

耐火物用には，このα-アルミナを2,000℃程度に焼成してつくるタブラーアルミナ（板状アルミナ，tabular alumina）や，電気炉で2,200℃で熔融してつくる熔融アルミナが使われます（152頁，表8.2.1参照）。

ムライト（mullite，$3Al_2O_3・2SiO_2$）はアルミナに準ずる汎用セラミック材料として重要です。ムライトセラミックスはアルミナに比べて融点は低いのですが，熱膨張係数が小さいので耐熱衝撃性が優れているからです。ムライトを加熱すると，比較的低温で融液が生じるので焼結が容易で，助剤なしで空気中で1,670-1,700℃で無加圧焼結ができます。

炭化珪素セラミックス

炭化珪素セラミックスは高強度セラミックスの中で高温特性がもっとも優れている材料です。緻密な炭化珪素セラミックスの製造法について説明しましょう。

反応焼結炭化珪素（RBSC，reaction bonded silicon carbide）は，高純度Si粉末とC粉末，それに相当量のSiC粉末を混合して成形し1,400℃に加熱します。するとSi融液にCが熔解してSiCとなって，既存のSiC粒子の表面に析出して緻密な焼結体が得られます。

Refel法は，α-SiCとCの混合粉末を成形して1,600-1,700℃でSi融液に浸して，シリコンを染み込ませて反応させる方法でつくります。

無加圧焼結炭化珪素（SSC，pressureless sintered silicon carbide）は，SiC粉末に焼結助剤として少量のB，Al，Beなどと炭素粉末を混合し成形して，2,000-2,050℃に加熱する方法でつくります。この方法でかなり緻密な焼結体（相対密度＜98％）ができます。

加圧焼結炭化珪素（HPSC，hot pressed sintering silicon carbide）は，SiCを熱間加圧成形（ホットプレス）する方法でつくります。この場合にもSSCと同様の焼結助剤が必要です。この方法は，複雑形状の製品をつくるのが難しいことが最大の欠点です。

窒化珪素セラミックス

窒化珪素セラミックスは，1,200℃以上での強度は炭化珪素に劣るのですが，破壊靱性値が比較的大きくて熱膨張率が小さいので，耐熱衝撃性に優れた材料です。しかし一方では極め付きの難焼結性物質で，多量（5％程度）の助剤を使わないと焼結・緻密化できないという欠点があります。

無加圧焼結窒化珪素（SSN, pressureless sintered silicon nitride）では，Si_3N_4 粉末に 3-5％の酸化物（MgO, SiO_2, Y_2O_3, Yb_2O_3, CeO_2, La_2O_3 など）を加えた粉体を成形し，高純度窒素ガス中で 1,750-1,800℃で加熱処理します。添加した助剤は Si_3N_4 粒子表面に液相を生成して焼結を促進します。射出成形・無加圧焼結法でつくられた窒化珪素セラミックス製のターボチャージャーロータが自動車に搭載されました（1985年）。焼結条件がさらに詳しく検討された結果，助剤を 2％ 程度まで低減した材料が開発され，直径が 0.3-3 mm と小さいハードディスクやボールペン用のベアリングのセラミックボールが誕生しました。

反応焼結窒化珪素（RBSN, reaction bonded silicon nitride）では，Si 微粉末を成形して窒素ガス中で 1,300-1,420℃に加熱して反応させます。原料の純度，粒径分布，成形密度，反応温度，雰囲気などが微妙に反応に影響します。この材料は気孔が残っているので高強度は達成できませんが，不純物を含まないので高温まで強度が低下しないという特長があります。

加圧焼結窒化珪素（HPSN, hot pressed sintering silicon nitride）は，Si_3N_4 をホットプレスでつくります。HPSN の欠点は複雑形状の製品をつくるのが難しいことです。

サイアロンセラミックス

サイアロン（SiAlON）は Si_3N_4 に Al と O が固溶した複雑な系です（図 7.1.3）。代表的材料の組成は β' 相 $Si_{6-z}Al_zO_zN_{8-z}$ で表されます。適当な z 値を選ぶと，窒化珪素に近い高性能材料ができます。

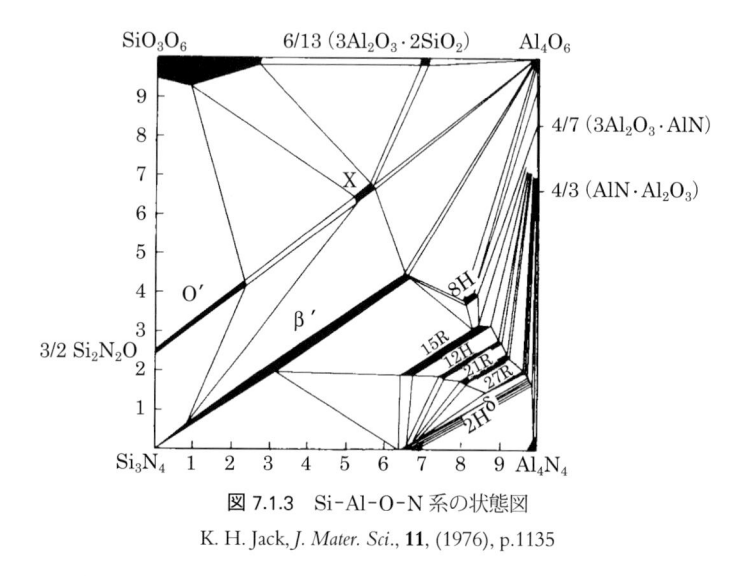

図 7.1.3　Si-Al-O-N 系の状態図
K. H. Jack, *J. Mater. Sci.*, **11**, (1976), p.1135

ガラス繊維強化プラスチック（GFRP）

ガラス繊維の製造方法については 156 頁で説明します。

繊維で補強したプラスチック材料を，繊維強化プラスチック（FRP, fiber reinforced plastic）といいます。ポリエステル樹脂をガラス長繊維や短繊維で補強したガラス繊維強化プラスチック（GFRP, glass fiber reinforced plastic）が広い分野で活躍しています。たとえば，風呂桶，バス・トイレユニット，洗面台，釣り竿，テニスラケット，スキー，温室の屋根や壁材，博物館の展示物，電子機器の回路基板，軽量車両の部品，ボート，漁船，掃海艇，ヘリコプタの回転翼，風力発電機のプロペラなどです。このように便利な GFRP ですが，耐用年数が過ぎた漁船など廃棄物の処理が問題になっています。

炭素繊維強化樹脂（CFRP）

炭素繊維の製造については 112 頁で説明しました。炭素繊維の性能が向上して価格が低下したので，炭素繊維とエポキシ樹脂，ポリイミド樹脂，フェノー

ル樹脂などとの複合材料 炭素繊維強化プラスチック（CFRP, carbon fiber reinforced plastic）が普及しました。CFRP を利用した製品は，繊維基材に所定量の樹脂を含浸させたプリプレグ（prepreg）を使って成形したものを，加圧・加熱してつくるのが普通です。

　従来の我が国での CFRP の利用はスポーツ分野が多く，釣竿，ゴルフシャフト，テニスラケット，スキー板とストック，ヨットなど，レジャー産業を支えている花形材料でした。現在では，CFRP はレーシングカーや新幹線の先頭車両，大型風力発電機羽根などに採用されています。欠陥構造物たとえば新幹線や高速道路の橋脚，構造欠陥のある中小の鉄筋コンクリートビルの補強工事などにも広く利用されています。

　CFRP はアルミ合金と強度や剛性が同等で重量が軽いので，航空・宇宙産業にとって欠くことができない一次構造部材になりました。1982 年に就航したボーイング 767 には 1.5 ton の CFRP が使われました。1995 年に就航したボーイング 777 には 13 ton の CFRP が使われました。2008 年に就航するボーイング 787 には 35 ton の CFRP が使用される予定で，これで一次構造部材への使用率は 50％に達します。ボーイング 787 は，ジャンボジェット機ボーイング 747 に比べて燃費効率を 60％も向上できるそうです。2007 年 10 月の段階でボーイング社は 787 を 730 機受注しています。

　これらの炭素繊維素材のすべては東レ㈱製品で，三菱重工業㈱や川崎重工業㈱などの日本企業が日本国内で主翼や胴体などの大型部材に成形して，180℃で 10 時間加熱処理してつくります。完成した大型部材は，専用機でアメリカシアトルのボーイング工場に空輸して組み立てることになっています。2007 年 10 月に就航した総二階建ての超大型機エアバス A350 には，東邦テナックス㈱が CFRP を供給する予定です。

　CFRP を一次構造材料とする自動車は数年以内に発売される予定で，2007 年の幕張自動車ショーに試作車が出品されました。自動車用 CFRP にはポリオレフィンなどの熱可塑性樹脂が採用されるはずです。ドアパネルやボンネットなど車体部品のコンポジット（複合材料成型品）の生産技術が進歩して，CFRP は 21 世紀の「産業の米」に育つ可能性があります。

C/C コンポジット

炭素繊維を炭素で焼き固めた複合材料を C/C コンポジット（C/C composite）といい，耐熱性が抜群です。C/C コンポは炭素繊維の織物にピッチなどの有機物を染みこませたものを高温で加熱・分解させてつくります。しかし繊維の隙間をカーボンで埋め尽くすことは非常に難しいので，気孔率が小さい複合材料をつくる技術の優劣が製品の性能を支配します。

スペースシャトルでは 1,200℃ 以上に加熱される部分（表面の 3.4%，重量で 1.7 ton）に C/C コンポを採用しています（図 7.1.4）。RCC という略号で呼ばれるスペースシャトルの C/C コンポは，炭素繊維で織った織物にフェノール樹脂を染みこませて，高圧ガス中で熱処理します。つぎにアルコールを染みこませて熱処理・炭化させる工程を 3 回繰り返してつくります。シャトルの鼻先は 1,450℃ にもなるので，空気で燃え尽きないようにシリコンを蒸着・加熱して炭化珪素（SiC）の保護膜を付けます。C/C コンポはロケットノズル（噴射口，nozzle）などにも採用されています。

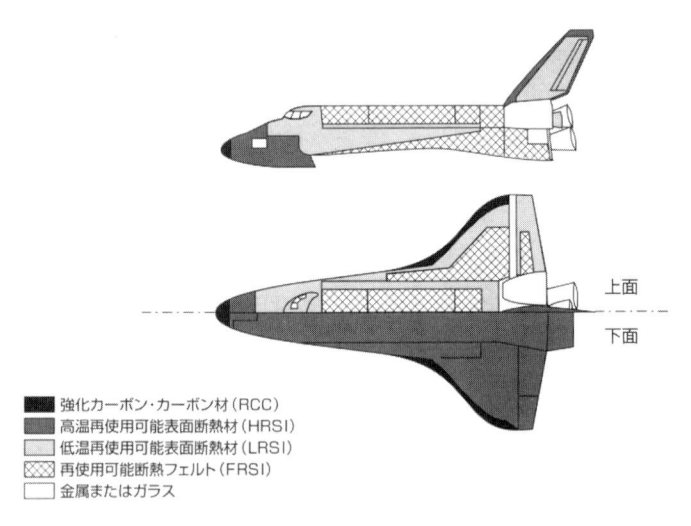

図 7.1.4　スペースシャトルの耐火物

ジルコニアセラミックス

　純粋なジルコニア（zirconia, ZrO_2）には, 蛍石（CaF_2）構造を基本とする三つの多形が存在します。すなわち単斜晶（monoclinic）と正方晶（tetragonal）と立方晶（cubic）です（式 7.1.2）。非常な高温度では立方相ですが, 温度が下がると正方晶, そして単斜晶へと相転移（phase transition）します。それら相互の転移では体積変化が大きくて材料破壊が起きやすいので, 純粋なジルコニアは工業材料として利用できません（図 7.1.5）。

単斜晶　⟷　正方晶　⟷　立方晶　　　　　　　　（式 7.1.2）
　　　≒ 1,170℃　　≒ 2,370℃

　工業材料として重要なジルコニアは固溶体（solid solution）です。ジルコニアに数％の Y_2O_3 や CaO そして MgO などを固溶させたセラミック材料は, 室温から高温まで立方晶です。これを安定化ジルコニア（FSZ, full stabilized zirconia）と呼んでいます。安定化ジルコニアの熱膨張はかなり大きくて, 鉄鋼材料のそれと同等です。

　ジルコニアの原料鉱石は, ジルコン（zircon, $ZrSiO_4$）サンドやバデレー石（baddeleyite, 単斜晶 ZrO_2）です。原料をアルカリ熔融して湿式反応で精製し, 塩酸を加えてオキシ塩化ジルコニウム（$ZrOCl_2$）を析出させます。$ZrOCl_2$ 水溶

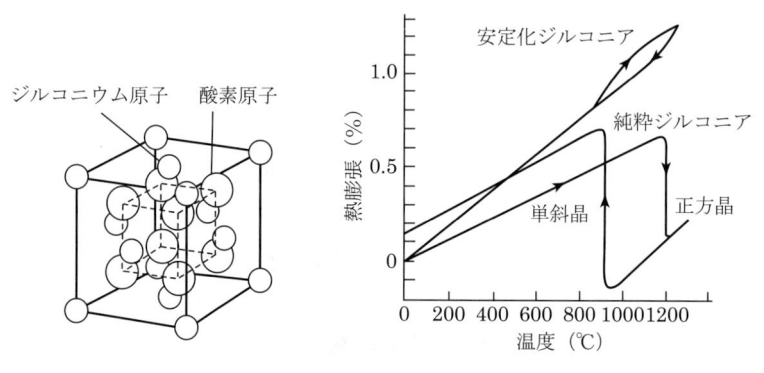

図 7.1.5　（左）ジルコニアの単位格子　　（右）ジルコニアの熱膨張

液に必要量の塩化イットリウムを溶解し，中和法や加水分解法で生じる沈殿を乾燥・仮焼して粉末原料をつくります。

　セラミックスの脆さを改善する方法の一つは，相転移を利用して高靭性を達成する方法で，部分安定化ジルコニアがその代表です。部分安定化ジルコニア(PSZ, partially stabilized zirconia)は，FSZ に比べて少量の安定化剤を固溶させてつくります。PSZ は立方晶と正方晶が共存している高靭性材料です。正方晶から単斜晶へ相転移する際の体積膨張を利用して破壊エネルギーを吸収します。つまりマルテンサイト変態（147 頁参照）の一種で，応力誘起変態機構によって高靭性を達成しているのです。正方晶だけからなる多結晶焼結体（TZP, tetragonal zirconia polycrystalline）もつくられていて，PSZ と同じように高靭性です。

　ジルコニアセラミックスは比重が大きいので航空機には向いていませんが，別の用途があります。PSZ や TZP の高靭性を利用して，小粒のボールベアリング，各種ノズル，乳鉢，製紙機械の裁断刃，ケブラー切断用鋏，磁気テープの編集用鋏，スプリングなど特定分野での用途があります。PSZ や TZP でつくったセラミックナイフや刺身包丁は切れ味が抜群です。鉄の包丁で西瓜を切ると臭いがでて嫌われるのでセラミックナイフに人気があります。

　FSZ は立方晶系で，相転移が起きないので耐火物として利用されています。この材料は高温でイオン導電性があるので，自動車排気ガス用の酸素センサがつくられています（206 頁参照）。高温燃料電池への利用も研究されています。

7.2　生体親和性材料

生体材料

　植物の骨格は繊維素（cellulose）でつくられていますが，多量の珪素で強化しているものがあります。植物オパール（plant opal）は植物の細胞組織に含まれる非晶質含水珪酸体（silica body, $SiO_2 \cdot nH_2O$）の総称です。稲科植物の葉部や籾殻，羊歯植物，苔植物，樹木類の維管細胞と表皮細胞などにプラントオパールが形成されます。稲科植物ではプラントオパールの形状から種を特定することが可能で，古環境を推定する手段として利用されています。三内丸山遺跡における稗栽培の可能性や，稲作の伝播経路の研究，水田跡や陸稲跡の解明などに利用さ

れています。

　動物の骨や歯は非常に優れた軽量・高強度材料で複雑な構造をもっていますが，これらの硬質生体材料の多くは，蛋白質と結合した燐酸カルシウム化合物で形成されています。動物の骨は種族によってそれぞれ独特の構造をもっています。人間の骨は自己修復するのがかなり難しいのですが，イモリの尻尾は何回でも再生します。人間の虫歯は再生不能ですが鼠の歯はどんどん成長します。

　鳥の卵殻，貝殻，珊瑚は炭酸カルシウムを主成分としています。真珠の光沢層では炭酸カルシウムの微結晶が硬質蛋白質の薄膜を介して整然と並んでいます。鮑や蛤などの光沢部分の構造もそうです。

再生医療

　天然生体材料に及ぶべくもありませんが，生体親和性がある人工歯や人工骨の研究が進んでいます。ハイドロオキシアパタイト（$Ca_{10}(PO_4)_6(OH)_2$）がその代表です。ハイドロオキシアパタイトの粉末に蟹の甲羅から抽出したカルボキシメチルキチン（CMキチン）を混合したものを，骨の欠陥部に埋め込んでしばらくすると，骨細胞が入り込んで骨が再生されてCMキチンは溶解・吸収されます。

　酸化カルシウムと燐酸を含む珪酸塩系ガラス（$CaO \cdot MgO \cdot P_2O_5 \cdot SiO_2$）を処理した結晶化ガラスは，生体中で表面に燐酸アパタイトが生成して新生骨と結合しやすい性質があります。

　ウォラストナイト（$CaO \cdot SiO_2$），ディオプサイド（$CaO \cdot MgO \cdot 2SiO_2$），アパタイトの三成分系に相当するA-W系結晶化ガラスも，骨と接合させてしばらくすると新生骨をつくる性質をもっています。

　すべての生物はたった一つの受精卵から万能細胞（ES細胞，embryonic stem cell）ができて，それからいろいろな幹細胞に分かれてつぎつぎに分化を繰り返して，さまざまな組織に成長することが分かっています。万能細胞は何にでもなれる細胞ですが，分化のメカニズムは十分には解明されていません。たとえばマウスの初期胚にES細胞を移植すると，組み込まれた細胞の運命に従って骨や歯に正常に変化しますが，大人のマウスにES細胞を移植しても奇形腫をつくるだけです。

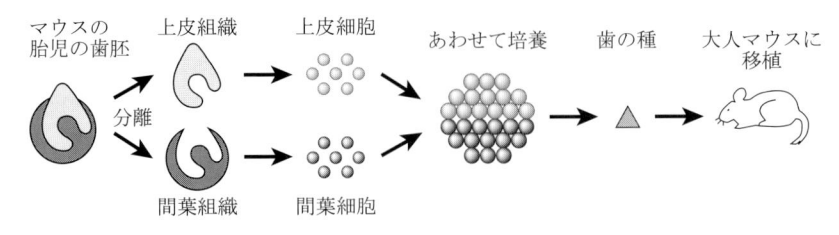

図 7.2.1 歯の再生

　歯のもとになる組織（歯胚）から，神経や血管を含めて歯をまるごと再生させる研究が進んでいます（図7.2.1）。すべての臓器や器官は上皮細胞と間葉細胞の2種類の細胞が反応しあって形成されます。そこで胎児マウスの歯胚から両細胞を採取してそれぞれの細胞に分離し，それらをコラーゲンの中に重ねて培養して歯の種をつくります。この種を大人のマウスの抜歯部に移植すると，数ヵ月後には歯が再生するということです。患者自身の親不知の近くにある幹細胞を培養して歯胚をつくり，型の中で歯の形に育てて，これを抜けた歯の穴に埋め込んで，歯を再生させるという研究も進んでいます。
　地雷で失った脚を再生できるのはいつのことでしょうか。

7.3 高硬度材料

硬　　度

　硬度（hardness）の測定は容易です。硬くて小さな球やピラミッドに荷重を加えて，測定する物体に喰い込ませてその大きさで表示します。微小硬度計を使うとかなり小さな物体についても測定できます。
　硬度の表示は，モース（Mohs）硬度，ヌープ（Knoop）硬度，ビッカース（Vickers）硬度などがあります。しかし硬度は非常に複雑な物性値で理論的に解析することは困難ですから，数値を直接比較することはできません。

高硬度物質

　ダイヤモンドをはじめとして，硬度が大きい物質の多くは無機物質で，炭化物，

窒化物,硼化物,珪化物,酸化物などに硬い物質が多いことはよく知られています。

酸化物で実用されている砥粒はコランダム（鋼玉，corundum）だけです。コランダムはアルミナの単結晶で天然にも産出しますが，現在使われている砥粒はすべて合成品です。コランダムは硬度が特別高くはないのですが，安価で使いやすい砥粒です。

炭化珪素（SiC），炭化タングステン（WC），炭化チタン（TiC）は重要な高硬度物質でいずれも天然には存在しません。SiC砥粒はカーボランダム（carborundum®）という商品名で最初に市販されたので，この名前も一般名に準じて通用しています。窒化チタン（TiN）や窒化珪素（Si_3N_4）も重要な高硬度物質でどちらも天然には存在しません。Si_3N_4 は破壊靭性値が非常に大きいので，セラミック工具の素材として今後の発展が期待されています。

超砥粒

ダイヤモンドはすべての物質の中で最も硬いので，セラミックスの加工に欠くことができない材料です（105頁参照）。

単結晶ダイヤモンドを研磨してつくる工具は非常に平滑な表面加工に用いられます。たとえばハードディスク用アルミニウム円盤の鏡面仕上には，超精密研磨した単結晶ダイヤモンドバイトが使われています。

単結晶の硬度は方向によって違いがあって，原子や結合の数が多い方向ほど硬いことが分かっています。たとえば立方晶系に属するダイヤモンドは〈111〉方向が最も硬く，〈100〉方向が最も軟らかいのです。この性質を利用してダイヤモンド粉末でダイヤモンドの単結晶を切断したり研磨することができます。

単結晶ダイヤモンドは超高圧（ultrahigh pressure）装置で合成できます。ダイヤモンドを最初に合成したのはGE社です（1955年）。金属ニッケルを触媒（正確には熔媒）として，黒鉛を加圧・加熱（$5-9 \times 10^9$Pa，1,300-1,600℃）すると，ニッケルに熔けた黒鉛がダイヤモンドとして析出します。現段階では宝石用のダイヤモンドを経済的に合成することはできませんが，ダイヤモンド砥粒の90％以上は合成砥粒です。合成ダイヤモンドは1カラット（carat，ct，0.2g）が1ドル程度です。

ダイヤモンドの微粉末に金属の微粉末を混合して，10^5 Pa の圧力を加えて 1,000℃以下の温度で焼結させた多結晶材料は，単結晶の半分位の硬度を示します。これを 1,100℃以上の高温で焼結させるには $4\text{-}6 \times 10^9$ Pa の圧力が必要です。

カーボネード（carbonado）と呼ばれる天然の多結晶ダイヤモンドがブラジルで産出します。産出量が少なくて大きな塊は滅多にないのですが，非常に強固で破砕し難い優れた素材です。カーボネードに匹敵する性能をもつ多結晶ダイヤモンドの量産が期待されています。大型トンネル掘削機や大深度油井掘削機のビット（刃先，bit）に使用するためです。

立方晶窒化硼素（c-BN, cubic boron nitride）は天然には存在しない物質で，ダイヤモンドと同じ結晶構造（炭素原子の代わりに硼素原子と窒素原子が交互に入る）をもっています。c-BN はダイヤモンドに次ぐ硬い物質で，ダイヤモンドと同じ装置で合成しています。ダイヤモンド工具は高温では鉄と反応しやすいのが欠点ですが，c-BN 工具は鉄鋼材料を削るのに適しています。ダイヤモンド砥粒と c-BN 砥粒をあわせて「超砥粒」と呼んでいます。

研削・研磨加工

切削加工が難しい先進セラミックスにとって研削・研磨加工は重要な作業です。研削（grinding）は研ぎ減らす作業を，研磨（研摩）は研いで滑らかにする作業をいうそうです。

研削・研磨加工は硬い物質で行うのが普通ですが，常にそうとも限りません。漆工芸，象牙細工，木工，皮細工，プラスチック加工，金銀細工などでも，木炭，角粉，胡粉，鮫皮，木賊のような比較的軟らかい研磨剤を使って磨くことがあります。たとえば漆工芸にはアブラギリの駿河炭や椿炭などが使われています。金属細工には朴の研炭が使われています。七宝の最終研磨にも木炭を使います。

超硬合金とサーメット

超硬合金（cemented carbide）と呼ばれる一群の材料は，炭化タングステン（WC）と金属コバルト（Co）との焼結体です。超硬合金の物性値は，基本組成

にTiCや炭化タンタル（TaC）を加えることで改善できます。超硬合金は破壊靭性値が非常に大きいので，トンネル掘削機，油田掘削機，切削工具，金型，削岩機の刃先など，機械的衝撃が大きい苛酷な重切削に適しています。英仏海峡トンネルの掘削では，日本製の大口径シールド・トンネル掘削機が活躍しました。

サーメット（cermet）と呼ばれる超硬質材料は，炭化チタン（TiC），窒化チタン（TiN），そしてそれらの固溶体（炭窒化チタン，TiC-TiN）と，金属ニッケル（Ni）や金属コバルト（Co）との粉末混合物を焼結してつくり，切削工具などに使用されています。サーメットはタングステン系の超硬合金に比べて破壊靭性値が小さいのが欠点ですが，資源が豊富なのが有利です。

繊維機械の糸道は糸の案内部品で，摩耗が激しいので昔からセラミック製品が使われてきました。高硬度セラミックスは耐衝撃材料としても有効です。たとえば戦車の外壁にも硬いセラミック板が取り付けられています。これはセラミック板が破砕することで砲弾の衝撃エネルギーを吸収して，車体を貫通しないからです。

コーティング工具

TiNとTiCは互いによく固溶する金色の化合物です。TiNやTiCの硬い薄膜で工具の表面を被覆（coating）した，金色に輝くコーティング切削工具や使い切り方式（throw away tip）の切削工具が普及しています。コーティングはCVD装置で処理します。

摺動材料

車両のブレーキ材料，パンタグラフや直流モータの集電材料，流体のシール材料などを総称して摺動（sleeve）材料と呼んでいます。摺動には相手が必要で，違う材料の組み合わせと，同じ材料の組み合わせとがあります。

列車，自動車，航空機のブレーキ（制動，brake）は，機械エネルギーを熱エネルギーに変換して停車させる重要な部品です。これらから発生する熱エネルギーは莫大で，材料と放熱方法が問題です。ブレーキ材料は，①滑ってはいけない，②高温でも焼き付いてはいけない，③雨に強い，④減り過ぎては困る，など

矛盾する過酷な条件を満足させなければならないからです。

　昔の自動車や自転車のブレーキにはアスベスト－フェノール樹脂系の材料が使われましたが，アスベストが有害ということで使用禁止になりました．現在では自動車や列車のブレーキには，鉄系のディスクや車輪と焼結摩擦材料との組み合わせが使われています．焼結摩擦材料は青銅－黒鉛－ムライト系焼結体がよく使われています．焼結摩擦材料の性能や配合率は，摩擦成分・潤滑成分・金属成分の三角図表で検討するのが便利です．

　航空機用ブレーキはディスクブレーキを何段も重ねた構造です．新型航空機や最新交通機関のブレーキにはC/Cコンポも採用されています．コンコルド，B747-400，B777，B787，エアバスA320，エアバスA340，エアバスA380のブレーキはC/Cコンポでできています．F-14，F-22，B-2などの戦闘爆撃機のブレーキもそうです．C/Cコンポの需要の80％は航空機ブレーキ用だそうです．

　直流モータの刷子には，焼結黒鉛材料やそれに銅や銀を混入した材料が使われています．電車のパンタグラフの擦板は，①大電流を通さなければいけない．②アーク放電してはいけない．③硬質銅線の架線を削ってはいけない．④それ自身が減っては困るという，難しい条件を満足させる必要があります．普通電車のパンタグラフの擦り板には，銅合金－黒鉛－ムライト系の焼結材料や，炭素系焼結材料が使われています．新幹線のパンタグラフ摺板には，鉄系の焼結材料やC/CコンポにCu-Ti系金属を含浸させた材料などが試みられていますが，本命は今後の研究にゆだねられています．

　工作機械や測定機械の摺動部品，各種流体機械の回転軸やバルブの液体シール（封止，seal）部品には硬くて摩耗しにくいセラミック材料が適しています．DLC（diamond like carbon）の中にはダイヤモンドに劣らない硬度・耐摩耗性・耐食性・低摩擦を備えた皮膜もあります（114頁参照）．

　摺動現象の解析は非常に難しくて，トライボロジーに格好の研究対象です．トライボロジー（tribology）は，摩擦（friction），摩耗（wear），潤滑（lubrication）など，相対運動を行いながら相互に作用を及ぼす表面現象を研究する学問で1986年の造語です．

熱関連材料

8.1 金属精錬

石器から金属器へ

　金属器は石器に比べて一般に，①強い，②脆（もろ）くない，③欠けにくい，④金属光沢があって美しい，⑤鍛造（たんぞう）ができる，⑥鋳造（ちゅうぞう）できる，⑦焼き入れできる，⑧熔接できる，⑨鑞付（ろうづ）けけできるなどの利点があります。土器は野焼きや簡単な炉で焼成できますが，金属をつくるには精巧な精錬炉と優秀な耐火物が不可欠です。

　人類が最初に利用した金属は，地上に露出していた，金，銀，銅などであったとされています。銅の利用はエジプトが一番早くて紀元前 5,000 年頃とされ，地表に露出していた自然銅を採取して叩いて成形したようです。銅器は紀元前 2,500 年頃に中国にも伝わったそうです。

　最古の青銅器は紀元前 3,700 年頃にメソポタミアでつくられたといわれています。青銅（ブロンズ，bronze）は銅に錫（すず）（Sn, tin）を 2-20％程度加えた合金（鉛や亜鉛が相当量混入していることが多い）です。青銅は銅よりも硬くて融点が低いので，鋳造が容易で焼き入れもできるという利点があります。銅鉱石と錫鉱石の産地は遠く離れていましたが，交易によって青銅器は紀元前 3,000- 紀元

前2,000年頃には地中海地域に普及していたということです。

中国の青銅器技術は，独自の技術か西方伝来の技術かは分かりませんが，中国最初の王朝である殷（商）ではおびただしい量の青銅器が製造されました。殷の青銅器は，湖北省銅緑山で採掘した銅鉱石に，マレーシアなど南方で採れた錫をはるばる運んで加え，精錬していたことが分かっています。

中国では青銅器の鋳型は普通は土器でした。黄土に水を加えた練土で鋳型を成形し乾燥したのち800℃位の温度で焼成しました。鋳型が冷えないうちに，熔融した1,000-1,100℃の青銅合金を型に入れ鋳造しました。鋳型を外した青銅器は金色に輝き，王権の象徴にふさわしいものでした。

我が国の青銅器製造は，弥生時代の銅鏡や銅鐸の鋳造にはじまりました。初期の青銅器の原料は舶来品を使っていました。昭和59年（1984年），島根県斐川町神庭荒神谷遺跡から，銅剣358本，銅矛16本，銅鐸6個が出土して話題になりました。荒神谷に隣接した加茂岩倉遺跡からは38個の銅鐸が出土しています。

752年には奈良東大寺で大仏開眼供養が行われました。奈良の大仏は現在でも世界最大（重量：250ton）の金銅仏です。

錬鉄の歴史

鉄器（鐵器）の起源については諸説があります。紀元前3,000年とされる古代エジプトの遺品の中に，隕鉄を鍛えた首飾りの部品が含まれているそうです（大英博物館所蔵）。

鉄鉱石を製錬した鉄器は，アナトリア（現在のトルコ中部山岳）地方のヒッタイト王国で紀元前1,500年頃に生まれたという説が有力です。当時は鞴を備えた小型炉で鉄鉱石を木炭で還元して錬鉄（wrought iron）をつくり，それを鍛造して道具をつくったと考えられていますが，決定的な証拠は見つかっていません。鉄の武器に刃向かう敵はいませんでした。

日本に鉄器が伝来したのは弥生時代前期で，はじめは素材の鉄挺を輸入して加工していました。初期の製鉄では原料に赤い鉄鉱石（Fe_2O_3）が使われたそうです。原料に黒い砂鉄（Fe_3O_4）を用いる製鉄は古墳時代以後に発達したということです。

砂鉄を原料とする「たたら」製鉄法は高品位の鋼を生産する日本独自の技術

です。江戸時代には山陰地方に数百ヵ所の「たたら」がありました。「たたら」でつくる玉鋼(たまはがね)を原料として鍛える日本刀は，現在でも世界最高の性能を誇る刀剣です。島根県横田町にある鳥上木炭銑(とりかみ)工場では年に一回「たたら」を操業して，できた玉鋼を全国の刀匠 250 人に分与して技術の保存をはかっています。これによって年間約 2,000 本の日本刀と，文化財の修理・復元に使われる鎹(かすがい)や和釘がつくられています。

島根県安来市の和鋼記念館には「たたら」についての詳しい展示があります。

鋳鉄の歴史

鋳鉄(ちゅうてつ)(cast iron) は多量 (2%以上) の炭素を含有する鉄です。鋳鉄の歴史は紀元前 800-紀元前 700 年の中国にはじまります。我が国の鋳鉄の歴史もかなり古く，弥生時代からつくられていたそうです。なお，欧州では 15 世紀まで鋳鉄器はつくられていなかったということです。

丹南地方（現在の大阪府南河内郡）は日本の鋳物師発祥(はっしょう)の地で，南北朝時代に楠(くすのき)氏が敗退したため技術が各地に分散したそうです。鋳物技術は一子相伝で伝承されたため詳しいことは分からないのですが，日本各地に平安時代以降につくられた，大鍋，茶釜，鉄瓶，天水桶，灯籠(とうろう)，狛犬(こまいぬ)などが遺(のこ)っています。鎌倉時代につくられた鋳造仏も 50 体ほど現存しています。熊野本宮大社には，源頼朝が 1198 年に奉納した鉄の湯釜が保存されています。鋳造には鋳型が重要なので，鋳物の生産地は川砂が採れる場所に位置しています。

鋳物は脆(もろ)いという昔の常識は，現在では通用しません。球状黒鉛鋳鉄など脆くない鋳鉄が開発されているからです。鋳鉄は鍋釜やマンホールの蓋だけでなく，近代工業でもさかんに使われています。たとえば，自動車のエンジン本体やクランクシャフトはシェルモールド法 (shell mold process) でつくられています。この鋳造法では，数％のフェノール樹脂をコーティングした鋳物砂で鋳型を成形し，これを 250-350℃で 60 秒程度加熱して硬化させて鋳型とします。鋳造後の鋳型は取り壊(こわ)して，鋳物砂は繰り返し使用します。

鉄－炭素系平衡状態図

実用されている鉄鋼材料は，すべて鉄と炭素の固溶体です。鉄と炭素系の平衡状態図（図 8.1.1）について鉄鋼材料の特性を説明しましょう。図の縦軸は温度，横軸は C の wt％です。

炭素が少ない鉄は，体心立方（bcc）構造をとる α 相（フェライト，ferrite）が低温安定相ですが，900℃以上では面心立方（fcc）構造の γ 相（オーステナイト，austenite）に相転移します。さらに 1400℃以上の高温では，再び体心立方（bcc）構造の δ 相に転移します。高温から冷却すると，この相転移は可逆的に進行します（式 8.1.1）。純鉄はほとんど錆びませんが，焼き入れできないし，量産ができません。

$$\alpha\text{-Fe} \underset{900℃}{\rightleftarrows} \gamma\text{-Fe} \underset{1400℃}{\rightleftarrows} \delta\text{-Fe} \quad\quad (\text{式 } 8.1.1)$$

炭素含有量が 2％以下の鉄を炭素鋼（carbon steel）と呼びます。炭素鋼は機械的強度や信頼性が優れていて，圧延，鍛造，切削，鋳造などの方法で任意の形に成形できるので，構造材料として大量生産されています。現在では用途に応

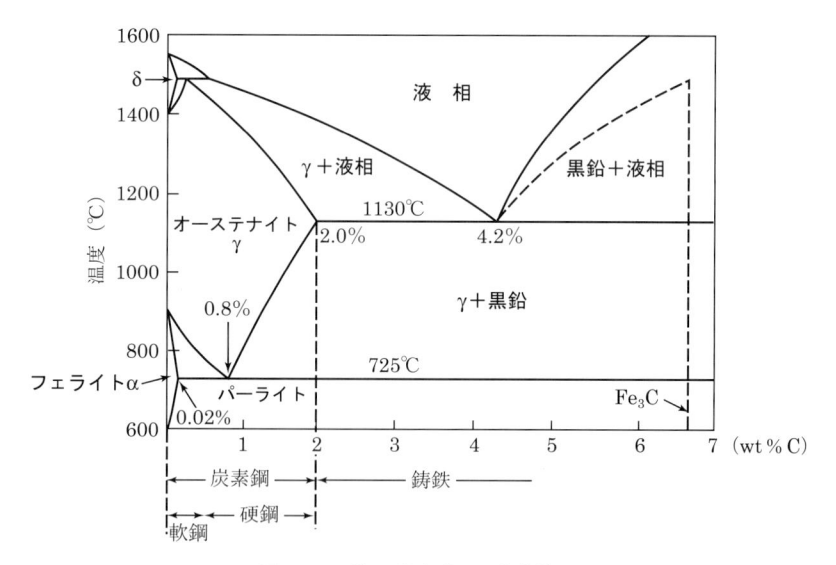

図 8.1.1 鉄－炭素系の平衡状態図

じて数百種類もの異なる材質の鋼材が製造されています。

炭素鋼は軟鋼と硬鋼とに大別できます。軟鋼は炭素含有量が0.3%以下の鉄で，軟らかくて焼きが入らないので刃物にはなりません。硬鋼は炭素含有量が0.3-2%の鉄で，炭素含有量が多いほど硬くて脆く，焼き入れが可能で刃物に加工できます。

炭素が0.8%のオーステナイト組織（γ相）の鉄を高温域から冷却すると，共析反応が起こってα相とセメンタイト（Fe_3C, cementite）とが層状に重なった組織が析出します。これをパーライト（pearlite）と呼んでいます（式8.1.2）。

$$\gamma\text{-Fe} \rightleftarrows \alpha\text{-Fe} + Fe_3C \qquad \text{(式 8.1.2)}$$

炭素鋼の領域では，オーステナイト（γ相）を高温域から冷却すると冷却速度によって複雑な変態を生じます。硬鋼を高温域から急冷（焼き入れ）するとパーライトが析出する暇がなくて，フェライト相に多量の炭素が閉じ込められたマルテンサイト（martensite）という中間組織ができます。マルテンサイトは大きな歪みを抱えているので，硬くて脆く欠けやすいのが問題です。鋼の組成とマルテンサイトの熱処理条件（温度，時間，冷却速度）を変えると多種多様な鋼材ができます。たとえば焼き戻し操作によってマルテンサイトから過剰の炭素を吐き出させて，硬いセメンタイト相と軟らかいフェライト相からなる粘り強い刃物をつくることができます。

炭素を2%以上含む鉄を，銑鉄（pig iron）とか鋳鉄（cast iron）と呼んでいます。鋳鉄はパーライト相とセメンタイトからなる材料で，融点が低いので鋳物をつくるのに使われています。

高炉製鉄法の歴史

産業革命で発達した欧州の近代製鉄技術は，高炉製鉄にはじまりました。高炉（Hoch Ofen）または熔鉱炉（blast furnace）と呼ばれる大型炉の原型は，古代ローマ帝国時代に使われていた縦型炉です。この炉の内径は数十cm程度で，鉱石と木炭を混合して炉に投入して点火し，鞴による送風を炉に導いて燃焼させていました。スラグ（鉱滓，slag）は下の穴から流れ出て，連続運転ができました。

初期の高炉は木炭を燃料としていたので，産業革命によって鉄の需要が急増す

第8章　熱関連材料

ると，木材が乱伐されて欧州の大森林は平原に変わってしまいました。その後は石炭からつくるコークスを燃料に使うことになりました。

日本で最初の洋式高炉は，南部藩の大島高任（たかとう）が藩領釜石の甲子村大橋に建設し，みごと出銑に成功しました（安政4年，1857年）。「鉄の記念日」はこの日（12月1日）を記念して昭和33年に制定されました。

明治政府は日清戦争（1894-95年）による需要の急増に対応するため，欧米に視察団を送って技術調査して，官営八幡製鉄所の建設に着手しました（1897年）。予定された日産：160 ton の第一高炉は1901年に操業を開始しましたがトラブルが続いて，順調に稼働したのは10年後の日露戦争中のことでした。

現代の高炉製鉄法

現在の製鉄・製鋼業は，高炉で銑鉄を製造して，転炉や電気炉を使って銑鉄から鋼（はがね）（steel）をつくっています。

高炉は炉頂から原料（鉄鉱石と石灰石との焼結鉱）とコークス（110頁）を交互に投入して，下から1,200℃に加熱した熱風や酸素ガスを吹き込んで加熱・反応させます。炉内では還元反応が進行して熔けた鉄が豪雨のように降り注ぎます。現在使われている高炉は，高さが100 m以上，内容積が4,000 m³以上もあって，

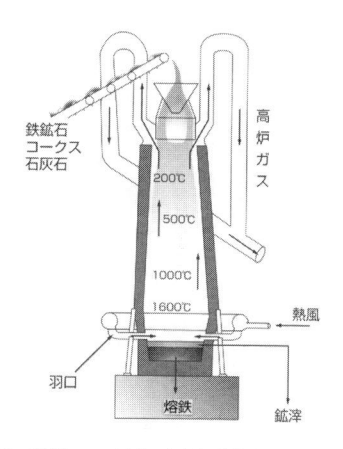

図 8.1.2　高炉製鉄法　（左）高炉の外観　（右）高炉の断面図

日産10,000tonを超える銑鉄を製造しています（図8.1.2）。高炉は一度点火すると，炉の寿命がつきるまで補修して使い続けます。

　高炉で銑鉄1tonを生産するには，鉄鉱石(焼結鉱が主です)1.5ton，石灰石0.3ton，コークス0.5ton程度が必要です。そしてスラグが0.3tonくらい副生します。

製鋼法の進歩

　銑鉄に含まれている炭素や不純物元素を燃焼させて鋼に変えるのが製鋼です。マルチン（P.Martin）が1864年に発明した平炉（open hearth）製鋼法は，1960年頃まで操業していました。ベッセマー（H.Bessemer）は1856年に転炉（converter）を発明して製鋼時間を平炉法の1/10に短縮しましたが，酸性耐火物を使っていたので脱燐・脱硫ができなくて普及しませんでした（表8.2.1参照）。トーマス（S.G.Thomas）は塩基性炉材を使う転炉製鋼法を発明して，有害な燐や硫黄を含まない鋼材の製造に成功しました（1878年）。

　現在主流の製鋼法は，転炉で熔融した銑鉄に酸素ガスを吹き込んで炭素分を燃焼させる方法です。LD転炉は高圧純酸素ガスを上から吹き込む酸素上吹き転炉で（図8.1.3左），LDはこの技術を開発したオーストリアの2工場の頭文字です（1952年）。平均的なLD転炉は内容積が100-400 m³で，純酸素を高圧で吹き込んで一回あたり数十分で不純物を燃焼・除去しています。転炉の炉材には，鋼材

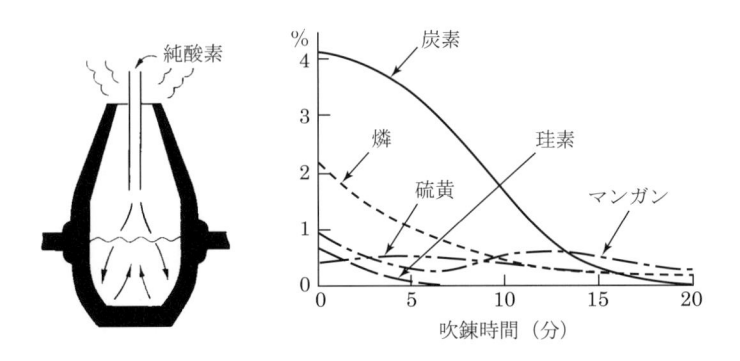

図8.1.3　転炉製鋼法　（左）LD転炉の断面　（右）吹錬によるLD転炉の不純物の減少

にとって有害な硫黄や燐を除去できる塩基性耐火物が使われています。LD転炉を使う精錬（吹錬^{すいれん}）で不純物が除去される過程を図8.1.3右に示します。

炭素以外の成分を含むステンレス鋼や特殊鋼は，黒鉛電極を使うアーク式電気炉で製造しています。

鉄の生産量

我が国では，奈良時代の鉄の年生産量は100ton程度，信長・秀吉の戦国時代の年生産量は約1,000ton，幕末の年生産量は10,000ton程度と推定されています。

明治開国後の粗鋼生産量は，1916年（大正5年）には30万ton，1929年（昭和4年）には75万ton，1943年（昭和18年）は464万tonと急増しましたが，敗戦によって壊滅しました。戦後の再建はめざましいものがありました。1950年（昭和25年）は484万ton，1960年は2,214万ton，1970年は9,332万ton，1980年は11,140万ton，1990年（平成2年）には11,039万tonと増加しました。最近では2004年は10,980万ton，2006年は11,271万tonと推移しています。

現在の日本企業は世界最高の製鉄・製鋼技術をもっています。各地の臨海製鉄所では世界中から良質の原料を輸入して，数百種類もの高性能鋼材を製造しています。最近の傾向は量から質への転換です。自動車用の薄板鋼板やトランスやモータ用の電磁鋼板など，付加価値の高い製品が主流です。

8.2 耐火材料

耐 火 物

耐火物（refractory）は，鉄鋼産業，非鉄金属産業，セメント産業，ガラス産業，窯業など高温処理を必要とする各種産業の，高炉，転炉，熱処理炉，窯炉，廃棄物焼却炉，ボイラなどに広く使用されています。これらの熱設備は多種多様で，使われている耐火物の品質，形態，形状も多岐にわたっています。耐火物の語源はラテン語の「refrāctārius（頑固な）」です。

耐火物という術語は，高温でも熔融^{ようゆう}（溶融，melt）しにくい非金属材料の総称です。JISでは「1,500℃以上の定形耐火物，および最高使用温度が800℃以

上の不定形耐火物，耐火モルタルならびに耐火断熱煉瓦」と定義しています。

耐火物は，高温や急激な熱変化，繰り返し加熱にも耐えて，十分な機械的強度を保ち，ガスや熔融物などの侵食(しんしょく)にも抵抗性があって，組織の劣化が少ない材料です。現在では人工炉材がほとんどを占めています。

耐火物は金属精錬と深く関わっています。1998年度の耐火物使用量139.4万tonの内，製鉄・製鋼用耐火物は96.7万tonと圧倒的に多くて全体の69.4%を占めました。セメント，ガラス，その他窯業用の耐火物は12.3万tonで全体の8.8%，焼却炉用の耐火物は7.3万tonで全体の5.2%，残りの14.5%は非鉄金属精錬用とその他製造業用でした。

炉材の使用量そのものは，耐火物の性能向上にともなって年々減少しています。すなわち，1984年度の使用量は207.1万ton，1989年度は178.4万ton，1994年度は155.1万ton，1998年度は139.4万tonという具合です。

以下では，需要の大半を占めている鉄鋼精錬を中心にして耐火物を説明します。

耐火物の分類

耐火物として使われている物質は多種類です。耐火物はそれぞれの用途に最適な材質が選択されます。それらを個別に解説するだけの紙面はないので，それらを整理した結果を表8.2.1と図8.2.1に示します。

耐火物は単一化学成分の場合もありますが，多成分で構成されている複合耐火物が一般的です。耐火物は典型的な複雑系ですから，現場をよく知らない人にとってはどこからどう切り込んでよいのか分からない難しい研究対象でもあります。

耐火物で酸性とか塩基性というのはpH値による区分ではありません。この分類では，RO_2（SiO_2，ZrO_2）主体の材料を酸性耐火物と呼びます。R_2O_3（Al_2O_3，Cr_2O_3）主体の材料と，炭素質（C）やSiCなどの非酸化物を主体とする材料を中性耐火物と呼びます。RO（MgO，CaO）主体の材料を塩基性耐火物といいます。複合耐火物では構成成分が多い方に分類します。これは高温の化学反応を考えるときに便利だからです。耐火物は数種類の原料を配合してつくる場合が多いのですが，これによって単一原料では難しい特性が得られるのです。

表 8.2.1 化学成分による耐火物の分類

分類	種類	主要化学成分
酸性耐火物 (RO_2 主体)	珪石質 粘土質（蝋石質, シャモット質） ジルコン質 炭化珪素質	SiO_2 SiO_2, Al_2O_3 ZrO_2, SiO_2 SiC
中性耐火物 (R_2O_3 主体)	高アルミナ質 クロム質 スピネル質 炭素質 非酸化物	Al_2O_3 Cr_2O_3, Al_2O_3, MgO, FeO Al_2O_3, MgO C SiC
塩基性耐火物 (RO 主体)	フォルステライト質 クロム-マグネシア質 マグネシア質 ドロマイト質	MgO, SiO_2 MgO, Cr_2O_3, Al_2O_3, FeO MgO CaO, MgO, SiO_2

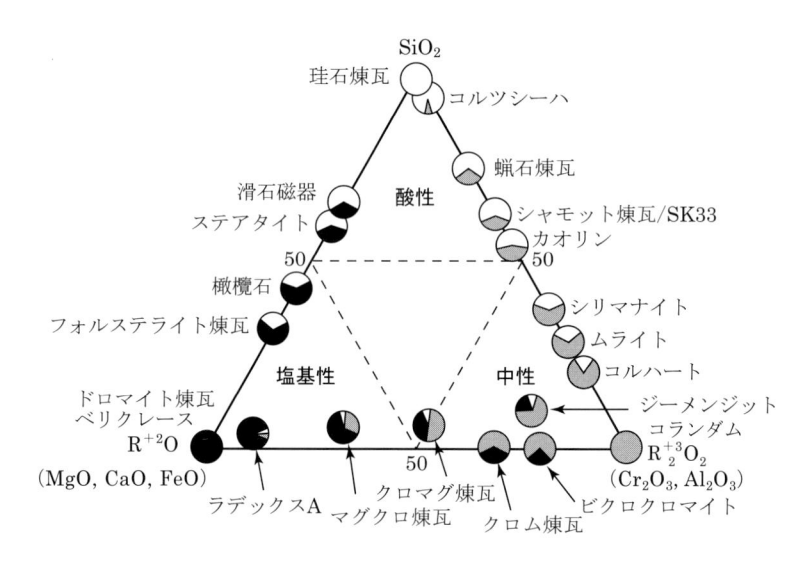

図 8.2.1 化学成分による耐火物の分類
吉木文平 著, 『耐火物工学』, 技報堂, (1982年), p.13

定形耐火物

　耐火物は定形耐火物と不定形耐火物とに大別されます。1998年度の使用量は，定形耐火物が56.4万 ton，不定形耐火物が83.0万 ton でした。

　定形耐火物は要求される形状に成形した耐火物で，焼成煉瓦，不焼成煉瓦，電鋳煉瓦に分類されますが，最も多いのは焼成煉瓦です。電鋳煉瓦は目標の組成に配合した原料を電気熔融して所定の型に鋳込んでつくります。この方法で，天然には産出しない結晶や，焼成では到達できない組織を合成できます。たとえばガラス熔融炉材としては，高ジルコニア質電鋳煉瓦や AZS（$Al_2O_3 \cdot ZrO_2 \cdot SiO_2$）系の電鋳煉瓦が重要な役割を果たしています。

不定形耐火物

　不定形耐火物の作業方法は，流し込み（キャスタブル，castable），吹き付け，ラミング（ramming），プラスティック，圧入などに分類されます。

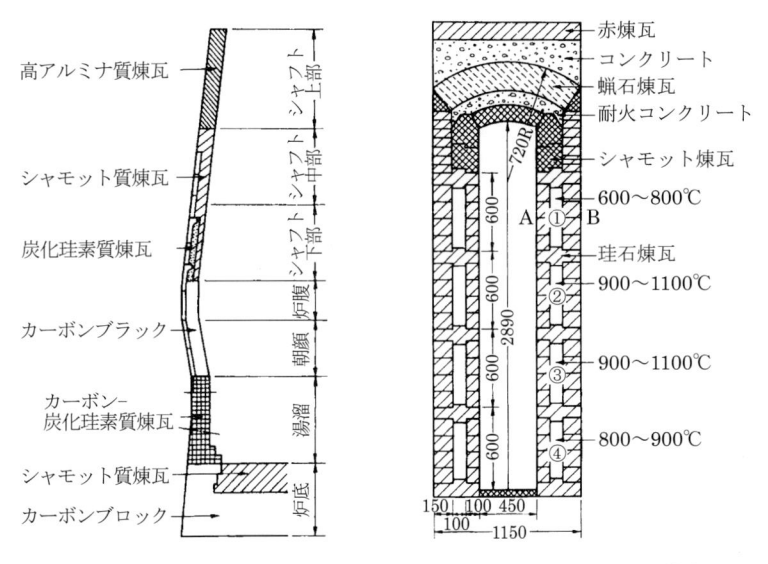

図 8.2.2　耐火煉瓦の使用例　（左）高炉　（右）コークス炉炭化燃焼室

154　第8章　熱関連材料

　キャスタブル耐火物は水を混ぜて流し込み成形します。吹き付け耐火物は練土(ねりつち)を吹き付け作業します。この両者で不定形耐火物の3/4近くを占めています。高炉は寿命が尽きるまで火を落とすことができません。耐火物は薄くなると炉壁を補修します。ラミング耐火物は突き固め作業をする耐火物です。

　モルタル耐火物は耐火煉瓦を積む際の目地材料です。プラスティック耐火物は耐火性骨材に可塑性材料を混ぜて湿潤な練土状にした耐火物です。圧入材は高炉や熱風炉の炉壁の亀裂や損傷部を補修するのに使われます。コンクリートポンプに類似したスクイズ（圧入，squeeze）ポンプで炉壁を補修します。

　耐火物はそれぞれの用途に最適な材質が採用されます。高炉とコークス炉の各部分に採用されている炉材を図8.2.2に示します。

　セラミックファイバ二次製品も軽量耐火物としてよく使われています（157頁参照）。

8.3　断熱材料

断熱と保温

　断熱材料（heat insulating material）は500-1,000℃で使用する伝熱性が小さい材料です。保温材料（lagging material）は500℃以下で使う伝熱性が小さい材料ですが，両者の境界ははっきりしていません。

　断熱・保温性能を向上するには，伝導と対流と放射を少なくする必要があります。伝導を少なくする工夫は，熱伝導率が小さい材料を選んで，伝熱断面積を小さくすることです。多孔体，軽量発泡体，多孔質セラミックス，無機繊維，フエルト，中空球体，反射メッキマットなどは断熱性に優れた不燃材料です。

多孔体

　単結晶やガラスには気孔（pore）がありませんが，多結晶体にはかなりの気孔があるのが普通で，磁器のように緻密な材料でも数％の気孔を含んでいます。焼結セラミックスの諸性質は気孔率によって大きな影響を受けます。気孔が多い材料を多孔体（porous material），気孔の割合を気孔率といいます。

気孔には開気孔（open pore）と閉気孔（closed pore）とがあって，貫通している気孔を孔（pore），底がある気孔を穴（hole）と呼ぶのだそうです。しかし現実には区別が難しいことから，日本語でも英語でも両者を混用しています。多孔体の，細孔径，細孔径分布，比表面積を測定するには水銀圧入法やガス吸着法があります。

多孔質セラミックス

天然多孔質材料については 37 頁で説明しました。

土器質のセラミックスはすべて多孔体です。たとえば，素焼の植木鉢は表面から水蒸気が蒸発するため，温度が上昇しなくて根腐れが起きにくいのです。

砂漠地域で古くから冷水器として使われているアルカラザ（alcarraza）は，スペイン語で素焼きの壺を意味する土器質の瓶です。アルカラザは毛管現象で瓶の表面に水が滲みでて蒸発するので，蒸発熱で気温よりも 7-8℃も冷たい水が飲めるといいます。

多孔質のセラミックフィルタは，飲料水の浄水器，細菌除去フィルタ，生ビールの酵母菌フィルタなどに広く採用されています。

多孔質アルミナフィルタが金属アルミニウム（融点：660℃）の精製やアルミ缶の再生に活躍しています。このフィルタは熔融アルミニウム中の 3 μm の不純物も除去できるので，飲料用アルミ缶の厚みを極限まで薄くすることができます。このフィルタはアルミナ原料を直径十数 cm の円筒状に成形して一端を封じ，焼成してつくります。

多孔質セラミックスをつくるのにもいろいろな方法があります。たとえば，①原料に鋸屑，発泡スチレンビーズなど可燃性物質を混合して成形し焼成する。②ナフタレンなど昇華性物質を原料に混合して成形し焼成する。③パーライト，シラスバルーンなど軽量骨材を混入して焼成する。④化学反応でガスを発生する物質を原料スラリーに混合して成形し焼成する。⑤界面活性剤を用いて泡を発生させてスラリーに混合する。⑥ハニカム成形体を焼成する。⑦ゾル・ゲル法でつくる（104 頁参照）。⑧分相ガラスからつくる（103 頁参照）などです。次項で説明する珪酸カルシウム製品もその一つです。

ミクロな孔をもつ多孔体だけが有用というわけでもありません。たとえば透水性舗装(ほそう)はマクロな多孔体ですが,雨による車輪の滑りを起こしにくいという理由で,車道や歩道の舗装に採用されています。多孔質の透水性煉瓦も同様の目的に使われています。

珪酸カルシウム製品

石灰（CaO）とシリカ（SiO_2）あるいはポルトランドセメントを主原料にして,オートクレーブで170-250℃の飽和水蒸気圧下で処理して得られる材料を総称して珪酸カルシウム製品と呼んでいます（61頁参照）。珪酸カルシウム系材料は軽量・多孔質で断熱性が優れています。珪酸カルシウム製品には,オートクレーブ処理軽量コンクリート（ALC），トバモライト系材料およびゾノトライト系材料があります。

ALC（autoclaved light weight concrete）製品は,中低層建築物の外壁や高層建築物のカーテンウォールや間仕切りに適しています。石灰や珪石の微粉末を加えたポルトランドセメントスラリーに,0.05-0.1wt％程度の金属アルミニウム粉末を添加すると,水素ガスが発生して約2倍に膨(ふく)れて凝固(ぎょうこ)します。これを製品の寸法に切断して,圧力釜で170℃以上の飽和蒸気圧下で数時間,加熱・養生(ようじょう)するとALC製品ができます。軽量骨材（比重：1.0-1.8）を原料に加える場合もあります。ALCの主成分はトバモライトです。

トバモライト（tobamorite, $5CaO·6SiO_2·5H_2O$）は,CaO/SiO_2のモル比を0.8程度として,170℃以上の飽和水蒸気圧下で数時間処理してつくります。トバモライト系材料の最高使用温度は650℃です。

ゾノトライト（xonotorite, $6CaO·6SiO_2·H_2O$）はCaO/SiO_2のモル比を1.0程度として1,90℃以上の飽和水蒸気圧下で数時間処理してつくります。ゾノトライト系材料の最高使用温度は1,000℃です。

ガラス繊維

ガラス繊維(glass fiber)は長繊維と短繊維に区別できます。織物に加工したり,

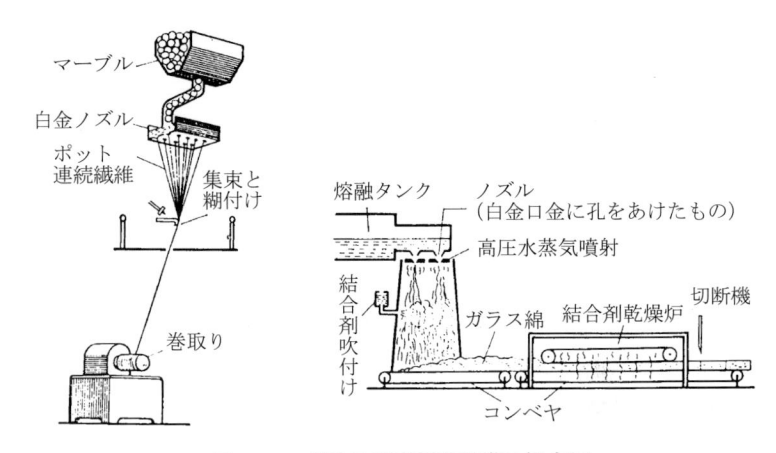

図 8.3.1　ガラス繊維製造設備の概念図

ガラス繊維強化プラスチック（GFRP）として回路基板やスポーツ用品をつくる場合が多いです。FRPについては132頁で説明しました。

ガラス長繊維の代表がEガラスで，その組成は，SiO_2：73.0，Al_2O_3：2.0，CaO：5.5，MgO：3.5，Na_2O：16.0wt％です。製造には，多数の小孔を穿った白金ノズル（nozzle）を備えたガラス熔融炉が使われます。原料は前もって均一に熔解してつくったマーブル（ガラス玉, marble）を用い，1,600℃に加熱します。白金ノズルから流れ出る高温のガラス糸を引き伸ばして，直径が3-10μmの繊維にします。繊維に表面処理を施して，数十本－数百本を束にして巻き取ります（図8.3.1左）。

ガラス短繊維は，熔融したソーダ石灰ガラスを高圧の空気や水蒸気で吹き飛ばしてつくります（図8.3.1右）。線径は3-20μm，長さは10-100mm程度で，小さなガラス粒などが混入していることがあります。ガラス短繊維は廉価ですから，断熱材，フィルタ，石膏ボード，FRPなどに大量に使われています。

セラミックファイバ

アルカリや石灰を含まないAl_2O_3-SiO_2系の耐熱繊維を，セラミックファイバ（ceramic fiber）と呼んでいます。セラミックファイバには，非晶質繊維（RCF, refractory ceramic fiber）と結晶質繊維のアルミナファイバ（AF, alumina fiber）とがあります。

非晶質繊維は平均線径 2.8 μm，長さ 30-250 mm 程度です。Al_2O_3 と同量程度の SiO_2 を含む原料を電気熔融して，高速空気流で吹き飛ばしてつくります。この繊維は，1,260℃以上の温度では結晶化が進行してムライト（$3Al_2O_3 \cdot 2SiO_2$）とクリストバライト（SiO_2）ができて脆くなるのですが，1,500℃までの温度での使用に耐えます。

結晶質繊維のアルミナファイバは 70-97％の Al_2O_3 を含有している多結晶質繊維です。アルミナが多いと高温でも熔融が困難ですから，前駆体法（precursor）で製造します。すなわちアルミニウムとシリコンを含む水溶液を濃縮し，水溶性の有機高分子を添加して紡糸した繊維を焼成してつくります。この結晶質繊維は 1,700℃の高温でも使用できます。

セラミックファイバは軽量耐火物として多くの用途があります。板（ボード，board），紙，不織布，ブランケット（毛布，blanket），フェルト（felt），ロープなど，多様な二次製品が開発されています。濾過材，触媒担体，吸音材などとしての用途もあります。

さらに高級なセラミックファイバには，前駆体法でつくる炭化珪素（SiC）繊維がありますが，高価なために生産量は多くはありません。

ウィスカー

普通の無機繊維は多結晶質ですが，猫の髭（猫に限りませんが）を意味するウィスカー（ホイスカー，髭結晶，whisker）は針状の単結晶で，直径：0.1-5 μm，長さ：0.01-5 mm 程度に発達しています。繊維はアスペクト比（長さ／直径，aspect ratio）が非常に大きいものを指しますが，ウィスカーのアスペクト比は 10-1,000 程度です。ウィスカーの強度は直径に大きく依存していて，数 μm 径になると多結晶繊維の 100 倍にも達します。これはウィスカーが単結晶で，径が小さいほど欠陥が少なくなるからです。亜鉛や錫メッキ，ハンダなどの表面から成長したウィスカーによって電気回路が短絡した事故も報告されています。

ウィスカーは単結晶ですから基本的には単結晶と同じ機構で成長しますが，特

異な形状になるには過飽和度の大きい環境から成長することが多いようです。たとえば加熱したシリコン基板に微量の金粒子が作用すると，VLS機構（気相－液相－固相が同時に関与する成長機構）でシリコンウィスカーに成長することが分かっています。

微小中空球体

マイクロバルーン（microballoon）は球殻が薄いガラスでできた完全に気密な微小中空球体です。その材質はソーダ石灰硼珪酸ガラスで，比重：0.1-0.4，平均粒径：70μm以下，耐圧強度：2-4MPaのよく揃ったマイクロバルーンです。

直径：50μm程度のマイクロバルーンを，合成樹脂で固めた比重が0.5程度の材料はシンタクティックフォーム（syntactic foam）と呼ばれて，深海探査潜水船用の浮力材として必須の材料です。

このマイクロバルーンを樹脂に混合してベルト状に加工した材料は，海底油田掘削管に巻き付けると重量を著しく軽減できます。

8.4 低熱膨張材料

コーディエライト（MAS）系材料

熱衝撃に弱いことはセラミックスの大きな欠点ですから，熱膨張率が小さい材料には立派な存在意義があります。

コーディエライト（菫青石, cordierite, $2MgO \cdot 2Al_2O_3 \cdot 5SiO_2$, MAS）系セラミックスは，線膨張率 α が $1\text{-}2 \times 10^{-6} ℃^{-1}$ と非常に小さくて耐熱衝撃性に優れています。自動車用排ガス浄化装置に用いる蜂の巣状のハニカム（honeycomb）セラミックスがつくられています。無数の貫通孔を有するコーディエライトセラミックスの多孔質壁は肉厚がわずか30-50μmです（図8.4.1）。この多孔質壁の細孔に，排ガス浄化用の貴金属触媒を担持させて使用するのです。

ハニカムセラミックスの原料はジョージアカオリンとタルク（滑石, Talc, $3MgO \cdot 4SiO_2 \cdot H_2O$）の混合物（混合比：2：1）で，原料混合物の練土をハニカム形状に押出し成形します。それを誘電加熱装置で乾燥したのち1,300℃に加熱

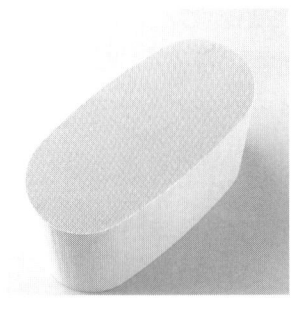

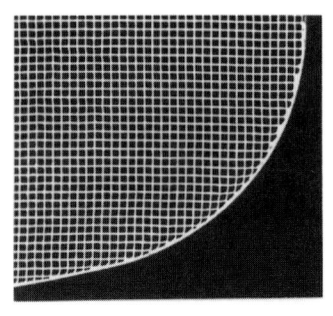

図 8.4.1 (左) 自動車排ガス浄化用ハニカムセラミックス (右) ハニカムセラミックスの断面 (原寸)

すると,コーディエライト組成に近いセラミックスができます。日本ガイシ㈱が開発したこのハニカムセラミックスは,世界中で生産されている自動車の約半数に採用されています。

その他の低熱膨張材料

シリカガラスは熱膨張率が小さいので,赤熱状態から水中に投入しても破損することはありません。シリカガラスの極低温における熱膨張率はマイナスで,温度が上昇するにつれてプラスになります。

リシア (LAS, $Li_2O \cdot Al_2O_3 \cdot SiO_2$) 系の低熱膨張化合物には,β- ユークリプタイト (β-eucriptite, $Li_2O \cdot Al_2O_3 \cdot 2SiO_2$),β- スポジューメン,ペタライトなどがあります。

アルミナ - シリカ (AS, aluminum silicate, $Al_2O_3 \cdot nSiO_2$, n = 3.5-10) 系材料は LAS 系材料よりも低熱膨張率で耐熱性が高いので,ガスタービン用の回転蓄熱式熱交換体などがつくられています。

チタン酸アルミニウム (AT, $Al_2O_3 \cdot TiO_2$) 系は高融点 (1,860℃) の低熱膨張化合物です。AT 系材料は 1,500℃以上の温度で使う,バーナ,ノズル,坩堝,熱電対保護管などに採用されています。

ディーゼル自動車の排ガスや粒子状物質の規制が問題になっています。ディーゼル車用のフィルタ DPF (Diesel particualte filter) は高温に加熱する必要があるので,耐熱性に優れた炭化珪素 (SiC) 製のハニカムセラミックスが有望です。

光関連材料

9.1 光学ガラス

電磁波と可視光線

電磁波（electromagnetic wave）はすべて横波で，波長の短い方から，γ線，X線，紫外線，可視光線，赤外線，マイクロ波，電波と連なっています（図9.1.1）。

電磁波は媒体がなくても伝播（propergation）します。真空中では電磁波は光速度（$c = 2.99792458 \times 10^8 \mathrm{ms}^{-1}$）で直進します。屈折率が n の物体を透過するときには，伝播速度は c/n になります。電磁波は，反射（reflection），全反射，吸収（absorption），屈折（refraction），複屈折，分散（dispersion），偏光

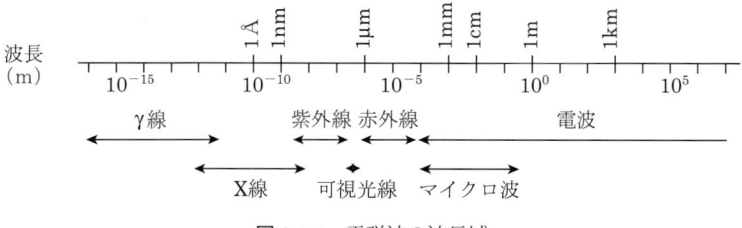

図9.1.1 電磁波の波長域

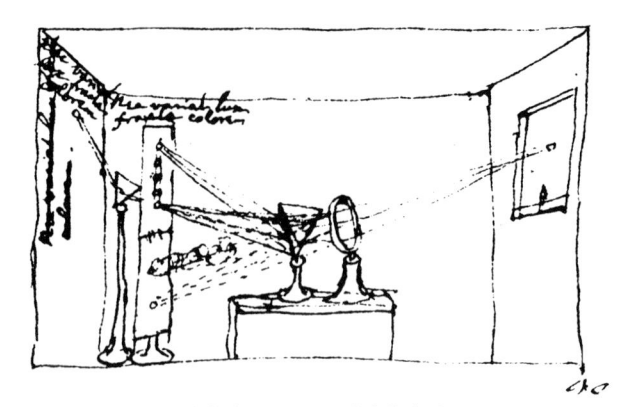

図 9.1.2　分光法についての決定的実験のスケッチ
ニュートン 著，島尾永康 訳，『光学』，岩波文庫，(1983年)，p.403

(polarization)，散乱 (scattering)，干渉 (interference)，回折 (diffraction) などの現象を示すことがあります。

可視光線は人間が感知できる電磁波で，波長の短い方から，紫，青，緑，黄，橙，赤と続いています。それらの波長は 380-770 nm 程度です。

電磁波には，特定の波長の線スペクトル（輝線スペクトル）と，いろいろな波長の電磁波が混ざっている連続スペクトルとがあります。分光法 (spectroscopy) は，波長の違いを利用してスペクトルを分別する方法で，ニュートン (I.Newton) が開祖です。彼は暗室の壁の小孔から太陽光線をプリズムに導いて白壁に虹をつくりました。そして，分散した光の一つの色を第 2 のプリズムに導いて，それ以上は分光されないことを認めました（図 9.1.2）。すなわち，白色光は単色光でないことを証明したのです（1666 年）。

光学部品

各種光学機器（望遠鏡，顕微鏡，双眼鏡，写真機，ビデオカメラ，三次元測定器，分光分析器など）は，鏡やレンズ，プリズムなどの光学部品を組み合わせてつくります。

平面鏡（mirror）は各種の光学機器に使われています。光の一部分を透過するハーフミラーは一眼レフカメラなど各所で使われています。曲面鏡は反射望遠鏡などに用いられます。鏡の反射材料としては，アルミニウムや銀などの蒸着膜が使われています。

プリズム（prism）を使うと光の進行方向を変えることができます。双眼鏡や一眼レフカメラでは被写体を正立像とするため，直角プリズムやペンタプリズムが採用されます。

レンズ（lens）は凸レンズと凹レンズに大別されます。空気中に置かれた薄い凸レンズに平行光線を入射すると，レンズの焦点（focus）に光が集中します。レンズの屈折率を n，レンズ前面の曲率半径を R_1，レンズ後面の曲率半径を R_2 とすると，レンズの焦点距離 f は式 9.1.1 で表せます。曲率半径の符号は，凸面のときは正に，凹面のときは負にとります。

$$\frac{1}{f} = (n-1)\left(\frac{1}{R_1} - \frac{1}{R_2}\right) \qquad (式\ 9.1.1)$$

完全な球面に磨いたレンズでも各種の収差（aberration）があるので，厳密にいうと平行光線が一点に結像しません。それらの収差は，単色光でも生ずる単色収差（球面収差，非点収差，コマ収差など）と，波長の違いによる光の分散で生ずる色収差（軸上色収差，倍率色収差など）に分けられます。高級カメラ，顕微鏡，ステッパなどでは，一枚のレンズで光学系の収差を完全に取り除くのは無理です。そこで断面形状と光学定数が違う何枚ものレンズを組み合わせたレンズ系が採用されています。

レンズやペンタプリズムは，加熱して軟化した素材から一個分の塊（ゴブ，gob）を採取して，自動プレス機でおよその形にプレス成形して徐冷したものを，必要な精度まで機械研磨しています。研磨には，荒磨り，中磨り，仕上げ磨りの工程があります。仕上げ工程の研磨剤としては，セリア（CeO_2）がよく使われます。研磨によってガラスはあらゆる材料の中でもっとも平滑な鏡面が得られます。

ガラス非球面レンズは，精密なセラミック型（形状精度：0.3μm 以下，表面粗さ：0.2μm 以下）に軟化温度に加熱したガラス素材を入れて，窒素雰囲気で500-700℃に加熱して一発成形してつくります。成形した非球面レンズは研磨しません。このプレスに適した低融点の光学ガラスが開発されています。非球面レ

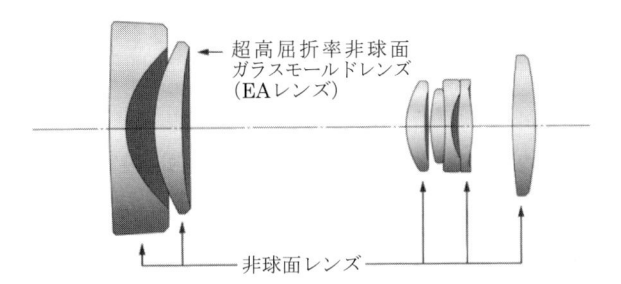

図 9.1.3　薄型デジカメ用非球面ガラスレンズ系の断面構造

　超高屈折率非球面ガラスモールドレンズ（EAレンズ）

　非球面レンズ

ンズの製造は難しいのですが，これを使うと組み合わせるレンズの数を少なくすることができます。デジカメ（デジタルカメラ）や小型の動画撮影機の発達とともに，膨大な数量の非球面レンズが生産されています。安物のカメラや眼鏡にはプラスチック非球面レンズが採用されています。

　図9.1.3は，2007年に発売された薄型デジカメ（幅×高さ×厚さ：95 × 52 × 22 mm）に採用された，非球面ガラスレンズ系の断面構造です。デジカメの有効画素数：720万画素，最高感度：ISO3200，広角28 mm，光学ズーム：3.6倍，重量：154 g です。205 頁で説明する手ぶれ補正機能が付いています。

　ガラスレンズの表面は一面で4％，両面で8％の光を反射するので，反射を防止する蒸着薄膜も重要です（176頁参照）。

光学ガラスの種類

　レンズやプリズムなどをつくる光学ガラスは，無色であること，気泡や脈理がないこと，歪がないこと，光学定数が一定していることなど，材質と物性値の均一性が特に要求されます。ペンタプリズムなどに使われている汎用光学ガラスＢＫ７（ビーケーセブン）の組成は，SiO_2：68.9，B_2O_3：10.1，Na_2O：8，K_2O：8.4，BaO：2.8，As_2O_3：1.0 wt％です。光学ガラスは，原料の粉砕，混合，熔解，成形，徐冷など，すべての製造工程が厳密に管理されています。

　屈折率が波長によって変化する現象を分散といいます。分散の大きさを表すのにアッベ数（相対分散，Abbe number）ν が使われます。現在では光学定数が

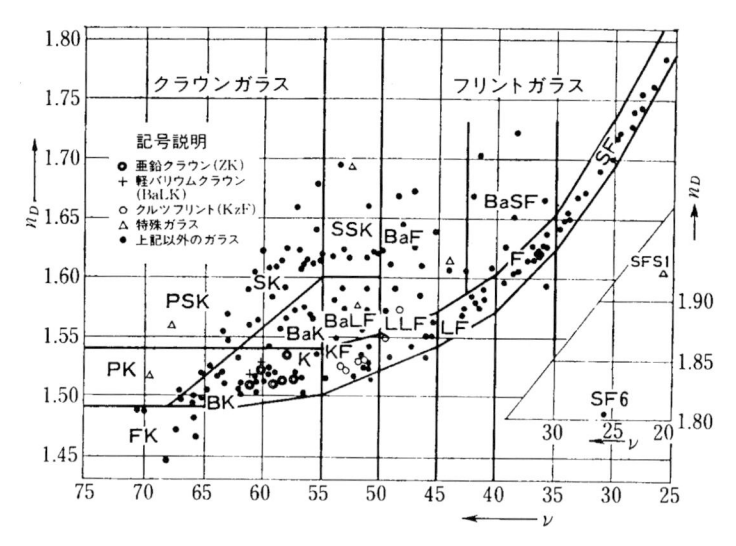

図 9.1.4 光学ガラスの屈折率とアッベ数
(Jenaer Glaswerk Schott u. Gen.)

異なる 200 種類以上の高品質の光学ガラスが市販されています。図 9.1.4 で，縦軸は Na の D 線 (589 nm) に対する屈折率 n_D，横軸はアッベ数 ν です。これらのガラスは，アッベ数 ν が 55 以上のクラウンガラス (crown glass) と，50 以下のフリントガラス (frint glass) に大別されます。クラウンガラスは硼珪酸塩系，フリントガラスは鉛ガラス系です。

BK7 ガラスは原料を電気熔融して連続成形しています。生産量が少ない材種は原料を坩堝(るつぼ)で熔融しています。この場合材質の均一性を達成するため，清澄(せいちょう)剤を加えて機械的に攪拌(かくはん)して気泡を除き，冷却・破砕した材料を再度熔融するなどの工夫を行っています。

公害問題がうるさくなって，フリントガラスについても Pb や As_2O_5 を全く含まないエコガラスが要求されていますが，完全に実現するのはなかなかの難題です。光学ガラスの製造には特殊な技術が必要ですから，少数のメーカーから供給されています。

ステッパ

ステッパ(逐次移動型縮小露光装置, stepper)は, 半導体上に微細な電子回路を露光する非常に高価な装置です(図9.1.5)。ステッパは感光剤を塗布した直径 300 mm もあるシリコンのウエハー(薄片, wafer)に, 親指の爪ほどの四角い領域を逐次露光します(188頁参照)。露光する回路は, レチクル(原図,焦点板, reticle)と呼ばれる透明シリカガラス板に描かれています。レチクルは超高純度のシリカガラス板でできており, 火炎加水分解法でつくる光ファイバの純度に匹敵します。

投影レンズ系は直径 20-40 cm もある最高級レンズ約 20 枚で構成され, レチクルの原画を 1/5 位に縮小して露光し, 逐次移動して次々に回分露光します。露光したシリコンウエハーは, 現像・エッチングなどの処理を行います。この作業は何回も何回も繰り返し行われますから, ステッパの正確な位置合わせは何よりも重要です。

半導体集積度の増加と共に露光用の波長が短くなって, 光源に弗化クリプトン(KrF)エキシマレーザ(248 nm)が採用されています。蛍石(CaF_2)は立方晶

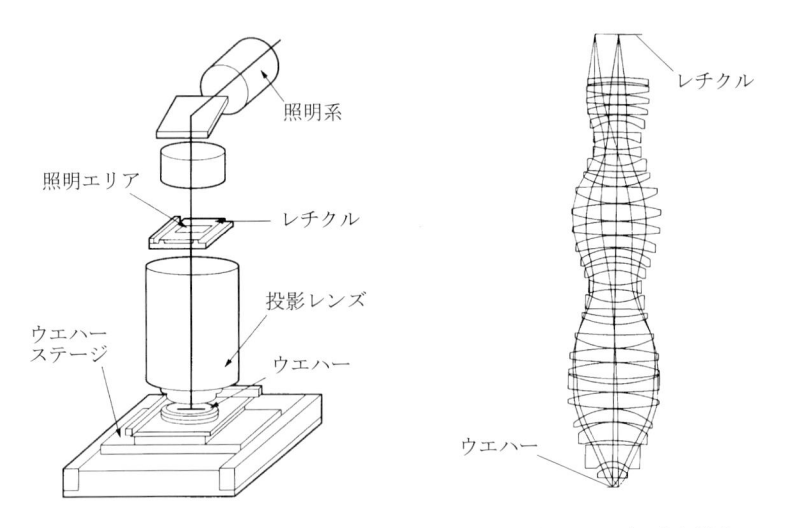

図 9.1.5 (左)ステッパの光学系 (右)ステッパ投影レンズの内部構成

系に属する光学的に等方的な透明結晶で，特殊な高級レンズに使われています。弗素レーザの短波長光源（157 nm）を使うステッパには，直径 40 cm の合成蛍石レンズが採用されています。

9.2 照明・表示用材料

白熱電灯

　白熱電灯は発熱体の連続放射スペクトルを利用しています。フィラメント（繊条，filament）は高温ほど光輝くのですが，そのぶん寿命が短くなります。クーリッジ（W.D.Coolidge）はタングステンを細いフィラメントに加工する技術を発明して GE 社の基礎を築きました。

　初期の電球は球内を真空にしたのですが，フィラメントが少しずつ蒸発して内壁に付着し黒ずむという欠点がありました。現在の電球はアルゴンガスや窒素ガスを封入して，タングステン蒸気の自由行程を短くして黒化を抑えています。

　ハロゲンランプは少量のハロゲン蒸気を混入した白熱電球で，ハロゲン化物の再生循環作用によってフィラメントの消耗が少なくなって電球の寿命が延びるのです。ハロゲンランプの灯体には，高温に耐えるシリカガラスが使われています。

放電照明

　放電（discharge）現象を用いると非常に明るい照明ができます。最初の電気照明は炭素電極を使ったアーク（電弧，arc）灯でした。銀座にアーク灯が点ったのは明治 15 年（1882 年）のことです。

　ネオンサインは低圧（4,000 Pa 程度）の希ガスに微量の水銀蒸気を添加した放電灯で，1,000-15,000 V の交流電圧を印加して発光させます。アルゴンガスを使うと青色に，ネオンガスを使うと赤色に光ります。基本的な発光はこの二つで，ガラス管に蛍光塗料を塗ったり，着色したガラス管を使用すると，約 20 色の発光が得られます。

　高圧水銀灯は水銀蒸気を封入したシリカガラスの発光管を，窒素を入れたガラスの外管で覆った二重構造の放電灯です。水銀灯は発光効率が高くて青白色に強

く発光するので、街灯、競技場の照明、集魚灯などに利用されています。

　高圧ナトリウムランプは高圧水銀灯よりも発光効率がよい放電灯です。橙色のナトリウム D 線と白熱電灯を合成したような黄橙色に発光して、高速道路やトンネルの照明などに使われています。ランプの外観は高圧水銀灯と似ています。ランプの点灯時は発光管が 1,200℃にもなるので、高圧・高温のナトリウム蒸気に耐える透光性多結晶アルミナ管が採用されています。ガラスの外管内は真空に保たれて断熱性がよいので、－40℃の極低温倉庫でも使用できます。

透光性多結晶材料

　水銀灯、ナトリウムランプ、ハロゲンランプなどの管材には、耐熱性と耐食性が要求されます。ガラスや単結晶以外でも光を透過する材料があります。それが透光性セラミックスです。今までに開発された透光性多結晶材料としては、アルミナ、スピネル（$MgAl_2O_4$）、マグネシア、酸化亜鉛、ジルコニアなどがあります。

　最初の透光性アルミナ材料は、ルカロックス（Lucalox®）の商品名でアメリカの GE 社から 1959 年に発売されました。この材料は透光性ですが、粒界にスピネル相が析出しているので外観は磨りガラス状です。可視光線と赤外線をよく透過し、耐熱性が優れていて、高温のナトリウム蒸気にも侵食されません。

　透光性多結晶アルミナは、原料にサブミクロン径の高純度アルミナを用い、異常粒成長を防止するため微量（0.04 wt％程度）の MgO を添加します。成形した品物を真空中か水素中で 1,675℃位に加熱して焼結させると、理論密度に近い焼結体をつくることができます。

閃光照明

　昔の写真館ではマグネシウム粉末を焚いて記念写真を撮影しました。その後、市販されたフラッシュ（閃光、flash）ランプはアルミニウム箔と酸素ガスを封入した電球で、フィラメントに点火すると瞬間的に強力な光線を発生します。「プリントゴッコ®」は謄写版（ガリ版）印刷にフラッシュランプを適用して、年賀状印刷に新風を吹き込みました。

現在使われているストロボ（閃光装置，stroboscope）は，キセノン（Xe）ガスをつめた高圧放電灯で，高い効率をもっています．ストロボは繰り返し発光できるので，デジカメ用の小型ストロボから，灯台，航空機照明，滑走路照明，橋や塔そして高層建築物の照明まで，多種類のストロボが製造されています．

蛍光灯

蛍光灯は，蛍光体を塗布（厚さ：15μm）した管壁の内側に，0.2-0.7kPaのアルゴンガスと微量の水銀を封入してあります．管状の蛍光灯の両極のフィラメントを加熱して電圧を印加すると放電が開始します．水銀原子が発する紫外線が蛍光体を励起して可視光を発生します．放電を開始したらフィラメントの加熱を止めます．

蛍光灯は白熱電球の約 10 倍の効率があります．白色蛍光灯には，ハロ燐酸カルシウムを母結晶，マンガンを賦活剤，アンチモンを助活剤とする蛍光体 $3Ca_5(PO_4)_3(F,Cl)_2 : Sb,Mn$ が使われています．母結晶の組成はアパタイト（apatite, $Ca_{10}(PO_4)_6(OH)_2$）と同じです．

有機 EL 照明

電界を印加して発光する現象が電界発光（EL, electro luminescence）です．有機－金属系の電界発光化合物を用いる EL 照明は，蛍光灯に比べて非常に効率がよいので将来が期待されています．EL 照明はプラスチックフィルムを使えるので，曲げられるという特長もあります．

ブラウン管

ブラウンは電子線照射による陰極発光（cathod luminescence）を利用するオシロスコープ（CRT, cathode ray tube）を発明しました（1897 年）．

テレビのブラウン管は三つの部分，画像を映すパネル（panel），漏斗状のファンネル（funnel），電子銃を収容するネック（neck）からできていて，それぞれ

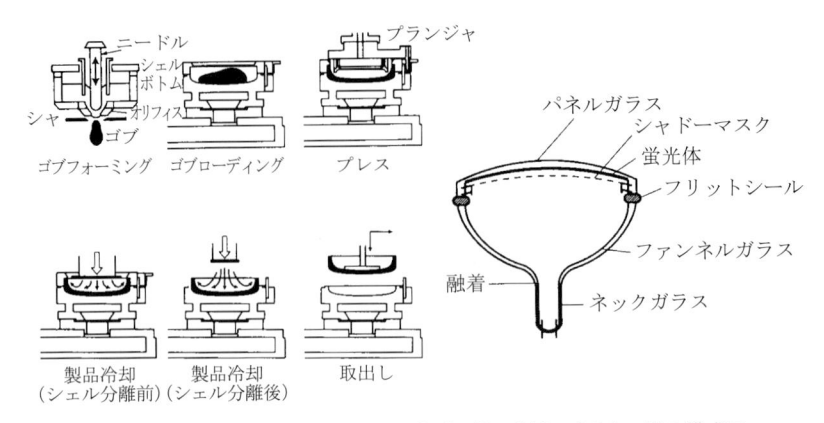

図 9.2.1 （左）ブラウン管パネルの成形工程　（右）ブラウン管の構成図

に違うガラスが使われています（図 9.2.1）。カラーブラウン管には 20,000V 以上の高電圧を印加するので X 線が発生します。パネルガラスには X 線を透過しないで，しかも電子線で着色することがない BaO 含有ガラスが使われます。ファンネルには X 線を吸収する鉛ガラスが，ネックには鉛含有量がさらに多いガラスが採用されています。

カラーブラウン管のパネルとファンネルの封止には，$PbO \cdot ZnO \cdot B_2O_3$ 系の封止用ガラス（フリット）が使われます（90 頁，184 頁参照）。このフリットは封着後 380℃で排気しながら加熱処理します。その過程でフリットの結晶化が進行して強固に接合するのです。

長年稼働してきたブラウン管製造設備ですが，薄型テレビが普及して役割を終え，2005 年に発展途上国に移管されました。

平面表示装置用板ガラス

発達途上にある平面表示装置（FPD, flat panel display）は両面に板ガラスを使っています。装置の大型化に伴って第 8 世代のガラス基板（2,500 mm × 2,200 mm）の需要が増えています。これらの基板の多くがフロート法で製造されています。

液晶ディスプレー（LCD, liquid crystal display）は画素ごとにトランジスタ素子をマトリックス状に配置します。LCDの基板は500℃以上の耐熱性が必要で，半導体が劣化しないように無アルカリガラスが要求されます。ノート型パソコンでは厚さ0.7 mm，携帯電話では0.5 mm以下の板ガラスが使われています。LCDの基板は日本企業がフロート法で製造していますが，製品の約半分はコーニング社が開発した縦引き方式のフュージョン法（融合法, fusion process®）で製造されています。フュージョン法では，均一に熔融したガラスをフュージョンパイプの溝に供給します。パイプの両側から均一に溢れ出たガラスがフュージョンパイプの底の部分で融合して，ゆっくり引き下ろされて連続したガラス板が形成されます。そのためガラスの両面は完全に清浄で研磨する必要がありません。2008年に就航するボーイング787のコックピットには，シャープ㈱の液晶ディスプレーが採用されます。

プラズマディスプレー（PDP, plasma display panel）用の板ガラスには600℃以上の耐熱性が要求されるので，ソーダ石灰ガラスは使えません。そのため徐冷点が620℃と高くて，変形しにくい高歪点ガラスが開発されています。

有機-金属系の電界発光化合物を使うELディスプレーは，バックライトが不要で，液晶ディスプレー，プラズマディスプレーに次ぐ第3の平面表示装置として期待されています。携帯電話の表示板にはすでに採用されていますが，2007年末には最初の11 inch ELテレビ（厚さ：3 mm）がソニー㈱から市販されました。電界発光化合物は種類が非常に多くて，低分子系と高分子系とに分類されます。それらは発光効率や寿命に差がありますが，どれも湿気に弱いのが問題です。プラスチックフィルムを使ったフレキシブルディスプレーも市販されました。

発光ダイオード

発光ダイオード（LED, light emitted diode）は電流注入で生じるpn接合部の発光現象を利用します。シリコンの発光は赤外域にあるので，リモコンや赤外線監視装置の光源に使われます。

可視領域の光ダイオードや光トランジスタの発光には，化合物半導体が利用されています（187頁）。

中村修二と企業との発明裁判で話題が沸騰した窒化ガリウム系青色発光ダイオード（LED）は，薄い InGaN 発光層を GaN 層と AlGaN 層でクラッドした構造で，ピーク波長は 450 nm です。現在使われているこのダイオードの基板はサファイア（Al_2O_3）ですが，より安価な基板が研究されています。

現在量産されている LED は単結晶を用いるので大面積デバイスには向いていませんが，2-3V 以下の低電圧で発光し，消費電力がネオンサインの 1/30，蛍光灯の 1/8 と少なくて，寿命は 10,000 時間とハロゲンランプの 4 倍です。LED の進歩は，交通信号，発光表示装置，大画面ディスプレー，一般照明などに革命をもたらすと将来が期待されています。2007 年 5 月，トヨタ自動車㈱は高級車レクサスに LED ヘッドランプを採用しました。

「二十一世紀のあかり」プロジェクトの「蛍光灯式白色 LED」は，紫色から紫外線領域で発光する近紫外 LED と蛍光体を組み合わせた構造です。普通の蛍光灯に比べて，効率が 2 倍で寿命が 10 倍の白色照明を開発することを目的としています。

レーザ

レーザ（LASER, light amplification by stimulated emission of radiation）は 20 世紀における最大級の発明の一つです。レーザは，誘導放射による光領域の発振増幅を意味しています。レーザ光線はコヒーレント（干渉性，coherent）な波長と位相が揃った単色光線で，光ビームの指向性が非常に優れています。

固体レーザ用単結晶にもいろいろあります。ルビー（$Cr^{3+}:Al_2O_3$）は最初にレーザ発振に成功した材料ですが，連続発振できないという大きな欠点があります。

現在もっとも有望な固体レーザは YAG レーザで，発振効率が高く，波長 1,064 nm の連続発振可能なレーザです。また，光ファイバでの伝達が可能で，生体手術用のレーザメスとしても利用されています。YAG レーザ用の単結晶は，1% 程度のネオジムイオンをドープした，ガーネット（柘榴石，garnet）構造の YAG（$Nd^{3+}:Y_3Al_5O_{12}$）結晶です。このネオジム YAG レーザの難点は，大きな単結晶をつくるのが難しいことです。

半導体レーザは，小型で高効率，低電圧，低消費電力，長寿命，高速変調可能

などの特徴をもっているので，光エレクトロニクス用光源として広く使われています。光通信用には 1.55μm の，DVD 用には 0.65μm のレーザ光が採用されています。半導体レーザでは，真性半導体（厚さ：0.1-1μm）の活性層（i 層）を p 型半導体と n 型半導体でサンドイッチ（クラッド，clad）したダブルヘテロ接合をつくります。この p-i-n 接合に順方向電圧を印加すると，n 型クラッド層から電子が，p 型クラッド層から正孔が活性層に注入されます。この電子と正孔が再結合するときにエネルギーを光として放出するのです。光は屈折率の違いによって活性層内に閉じこめられ，側面の反射鏡で一部はフィードバックされます。こうして形成されたループが平衡状態に達するとレーザが連続発振します。

強力な炭酸ガスレーザ工作機械では，加熱・切断・熔接などの作業を行うことができます。

レーザプリンタ

パソコンの出力機として重要なレーザプリンタ（laser printer）は，細く絞ったレーザビームで感光ドラムを走査して二次元画像をつくり，それを紙に転写します。ドラムの感光膜にはアモルファスシリコン膜などが採用されています。

図 9.2.2 にレーザプリンタの構造を示します。プリンタに入力するデジタル画像データは，半導体レーザでレーザービームのオン・オフ信号に変換されます。

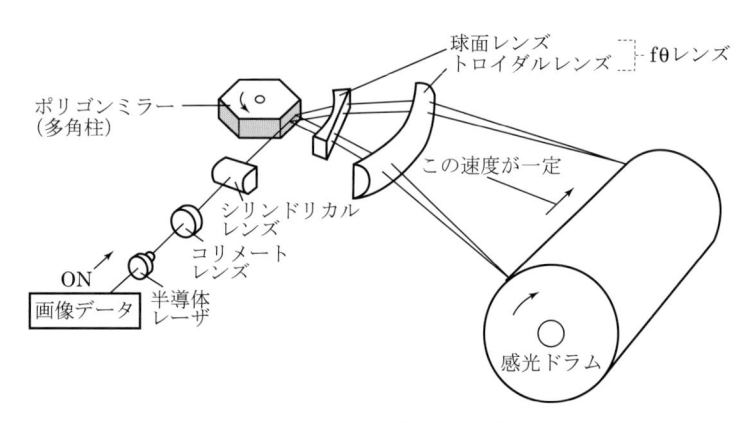

図 9.2.2　レーザプリンタの構成

レーザビームは，コリメート（平行にする，collimate）レンズとシリンドリカル（円筒形，cylindorical）レンズを通ってポリゴン（多角形，polygon）ミラーで反射され，fθレンズ（歪曲(わいきょく)特性をもつレンズ）を通って感光ドラム上に微小なスポットをつくります。

感光ドラムに，⊖の電荷を帯びたトナー（熱可塑性樹脂を混入した微粉末顔料，toner）を振りかけると，⊕の電荷が残っている部分に付着します。

⊕の電荷を帯びた紙を感光ドラムに接触させるとトナーが紙に移りますから，ローラーで加熱してトナーを紙に定着させます。

トナーには細かく均一で，加熱すると軟化して紙に固着する着色粒子が要求されます。顔料を分散したモノマー懸濁液から重合法などで，粒径が数 μm で微細な球形のトナーをつくっています。

9.3 薄　　膜

表面処理

表面処理の目的は材料表面に関係する何らかの性質を改善するためです。それらの性質には何の制約もありません。具体的には，着色，美観付与，艶(つや)だし，装飾，反射率向上，梨地加工，マット加工，導電性付与，帯電防止，誘電性付与，磁性付与，表面強化，表面硬化，耐久性付与，腐食防止，防炎性付与，耐熱性付与，耐候性付与，耐摩耗性付与，防錆(ぼうせい)，防腐(ぼうふ)，接着性向上，酸化防止，化学反応性向上，撥水性付与(はっすいせい)，親水性付与，親油性付与，潤滑性付与(じゅんかつせい)，表面張力低下，光触媒性付与，焦げ付き防止(しげき)など千差万別です。目的を達成するための手段にも制限はありません。雑然とした表面改質の実例のいくつかを以下に列挙します。

微粉末では表面処理は欠くことができません。たとえばアルミニウム粉末は自動車のメタリック塗装などに使われますが，市販のものはワックスの薄膜でコーティングされています。溶剤で表面のワックスを除去すると僅かな刺激(しげき)によっても発火・燃焼します。

各種繊維，たとえばガラス繊維や炭素繊維にとって表面処理技術は非常に重要です。表面処理剤には有機－金属化合物などが採用されています。

傘や衣服に撥水性を付与するにはシリコーン（珪素樹脂，silicone）処理や弗

素樹脂処理を行います。弗素樹脂加工はフライパンに焦げ付き防止機能を与える表面処理技術ですが、潤滑性や撥水性を付与する目的にも使われています。

金属材料では腐食防止の技術が重要です。鉄鋼材料では防錆用のメッキや塗装が必要ですし、金属アルミニウムにはアルマイト®処理が不可欠の技術です（61頁参照）。

金属の表面強化には、浸炭（しんたん）、窒化、ショットブラスト（衝撃強化, shot blast）、高周波表面焼き入れ、硬質クロムメッキ、熔射などなどいろいろな手法があります。

手術灯や歯科医療用ランプには、患部を加熱しないように可視光線を反射して熱線を透過させる反射鏡が使われています。ビルの窓や自動車の窓には冷房負荷を少なくするための熱線反射膜が採用されています。

カーボン皮膜については114頁で説明しました。

液晶ディスプレー、プラズマディスプレー、タッチパネル、太陽電池、防滴ガラスなどが普及して、透明導電膜に対する需要が高まっています。透明導電膜としては In_2O_3 に SnO_2 を5-10%固溶させたITO膜（indium tin oxide film）がもっとも多く使われています。In_2O_3 は高価で価格変動が大きいので、ZnOなどを使う安価な透明導電膜の研究が進んでいます。

薄膜技術

半導体をはじめとするIT産業は、薄膜作成技術の上に成り立っているといっても過言ではありません。薄膜（thin film）の厚さは、1-2原子層から数十 μm までさまざまです。薄膜の材質も千差万別です。なお、厚膜技術については185頁で説明します。

薄膜形成法の種類は、気相から析出させる方法、液相から析出させる方法、固相反応を利用する方法など非常に多いのですが、気相から析出させる方法がもっとも重要です。気相法は、物理蒸着（PVD）法と化学蒸着（CVD）法に大別できます。

物理的気相蒸着（PVD, physical vapor deposition）法には、①真空蒸着法、②スパッタリング法、③イオンプレーティング法などがあります。①は真空中で金属を加熱蒸発させて基板に付着させる方法で、それを酸化や窒化させることも

多いのです。②は0.133-1.33 Paの不活性ガスのプラズマをターゲットに当てて，飛び出してきた分子や原子を基板に付着させる方法です。③はイオン化した雰囲気中で蒸着する方法で，①と②の特長を兼ね備えています。

　伝統的な鏡（mirror）は葡萄糖などで硝酸銀を還元して銀の皮膜をつくっていました。カメラ，反射望遠鏡，レーザミラー，赤外線加熱炉などの鏡や半透鏡には反射率が高くて寿命の長い反射膜が重要で，現在では真空蒸着法でアルミニウムや金をメッキしています。ガラスやプラスチックのレンズには表面反射を防止するためのコーティングが必要で，通常は真空蒸着で厚さが $1/\lambda$ 程度の MgF_2 多層膜を付けて透過率を向上させています。

　化学的気相蒸着（CVD, chemical vapor deposition）法には，①普通 CVD 法，②プラズマ CVD 法，③ MOCVD（metal organic-CVD）法などがあって，それぞれの装置の構造は千差万別です。①は，加熱した基板上で必要な化合物の薄膜を，ハロゲン化物や炭化水素から析出させる方法です。たとえば燻べ瓦は，焼成の末期に黒鉛薄膜を瓦の表面に析出させてつくります（58頁参照）。電子部品のカーボン固定抵抗は，加熱した磁器基板に炭素薄膜を析出させます（192頁参照）。TiNとTiCは互いによく固溶する金色の化合物で，金色に輝くコーティング工具用はCVD装置で成膜しています（141頁参照）。光ファイバの母材もCVD法でつくっています（179頁参照）。②はプラズマ状態を使って皮膜をつくる方法です。③ MOCVD法は有機金属化合物を原料とするCVD法です。

光 触 媒

　波長が $380\,\mu m$ 以下の紫外線によって酸化チタン（TiO_2）の表面が活性化して触媒作用を示す現象を，東京大学の藤嶋昭らが1972年に発見しました。光触媒（photocatalyst）の応用分野は光革命といえるほど広汎です。

　酸化チタンの光触媒効果は，セルフクリーニング効果，防汚効果，超親水性効果，防曇効果，脱臭・消臭効果，殺菌・抗菌効果，浄水効果など極めて広いのです。光触媒作用の応用は，照明器具，建築材料，自動車，環境，健康，医療など各種の実用化研究が進んでいます。

　水滴がつかない曇らない自動車用の超親水性サイドミラーが市販されていま

す。ガラスに直接 TiO_2 ゾルをスプレーして焼成すると、ガラス中のナトリウムが拡散して光触媒作用がないチタン酸ナトリウムを生成します。そこで、ガラスの表面に SiO_2 ゾルをスプレーしたのち TiO_2 ゾルをスプレーして焼成します。これを 600℃ に加熱し軟化させてミラー曲面に成形します。

室内で使用する光触媒タイルは、微弱な紫外線で作用する必要があります。この場合には銅（Cu）や銀（Ag）を併用することで、それら金属が本来もっている抗菌性との相乗効果で目的を達成できます。銅を含有する TiO_2 ゾルをタイルにスプレーして焼き付け処理すると、$1\,mW/cm^2$ という微弱な紫外線でも触媒作用を示すことが確認されました。これを、浴室、洗面所、台所、手洗い、病院の手術室などに用いる室内用タイルに適用して、殺菌、抗菌、防汚、脱臭、消臭などの目的を達成できます。この技術はドイツ最大のタイル会社 DSCB 社にも製造設備を含めて技術移転されました。

太陽電池

クリーンで半永久的なエネルギー源として、太陽光発電装置に対する期待は大きいものがあります。太陽電池（solor cell）の発電能力は大きくはないのですが、電卓、時計、ラジオなどの電源、小規模の照明、標識灯、家庭用小型電源、砂漠や離島での電源などに利用されています。

三種類のシリコン太陽電池が実用化されています。単結晶シリコン、多結晶シリコン、アモルファスシリコン太陽電池で、それぞれの電池の実用変換効率は、12-24％、11-19％、6-13％程度です。単結晶シリコン太陽電池は変換効率は高いのですが高価です。

アモルファスシリコン太陽電池は以下の特長を備えています。①製造工程が簡単で、製品が安価である。②製造に要するエネルギーが少ない。③使用原料が少ない（膜厚は $1\,\mu m$ でよい）。④大面積に適用可能で連続生産ができる。⑤集積可能で、1枚の基板から高い電圧が取り出せる（単一電池の電圧は 0.5V です）。⑥長寿命である。⑦感光特性が蛍光灯のスペクトルに近いので室内使用に適しているなどです。

シリコンを使わない太陽電池も実用化されています。

9.4 光通信材料

光ファイバ

　レーザを光源とする光ファイバ（繊維, fiber）は, 21世紀の情報化社会で高速道路の役割を担っています。光通信は双方向伝送に最適な技術で, 電磁誘導や盗聴に関係なく大容量の情報を超高速で伝送できます。

　光ファイバは全反射を利用して遠距離通信を可能としています。屈折率が大きな物質から小さな物質に光が入射すると, 臨界角 $θ_c$ 以上では全反射（total reflection）の現象が観測されます。たとえば屈折率 1.5 のガラスから空気中に出てゆく光の臨界角 $θ_c$ は 42° で, それ以下の角度で入射した光は全部反射するので理論上は損失はゼロです。

　1970年代の研究で, シリカガラスの光損失は極微量の水分や遷移金属イオンに原因していることが確認されました。そして超高純度合成原料を採用することで光ファイバの性能が格段に向上しました。現在は主に波長 1.3 μm のレーザ光線が使われています。

　一本の光ファイバは二層構造のガラス繊維で, 屈折率の大きい芯（コア, core）を, 屈折率の小さいクラッド層が囲んでいます。コアは超高純度のシリカガラスで少量の GeO_2 を含んでいます。クラッドは純粋なシリカガラスです。外径が 125 μm と決められている光ファイバは, 何層ものプラスチック層で被覆されています（図 9.4.1）。光ケーブル（cable）はそれらを何本も束ねて, 補強用の金属線を加えて加工されます。

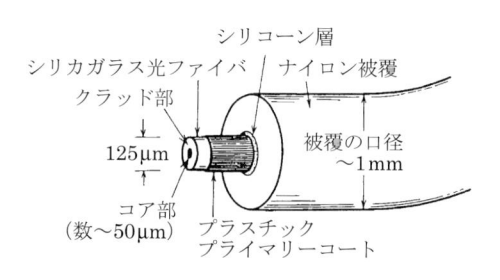

図 9.4.1　光ファイバ（単芯）の構造

光ファイバの製造法

　光ファイバの多孔質プリフォーム（前駆体，preform）の製法には，コーニング社が発明した水平式のCVD（MCVD, modified chemical vapor deposition）法と，電電公社（現在のNTT）茨城電気通信研究所が発明した垂直式のCVD（VAD, vertical axial deposition）法とがあります。

　図9.4.2（左）は外付けVAD法のプリフォーム製造装置です。母材のロッドの表面に火炎加水分解反応で酸化物の微粒子を析出させます。この装置で直径：5-10cm，長さ：1mもある粉雪を固めたような多孔質プリフォームをつくるのです。GeO_2 の濃度分布を制御したプリフォームも製造できます。

　図9.4.2（右）は線引き装置で，プリフォームを焼結して透明なガラス棒にしたのち，外径0.125mmに線引きして，プラスチックを被覆して巻きとります。これらの装置は完全な気密容器中で操業しています。

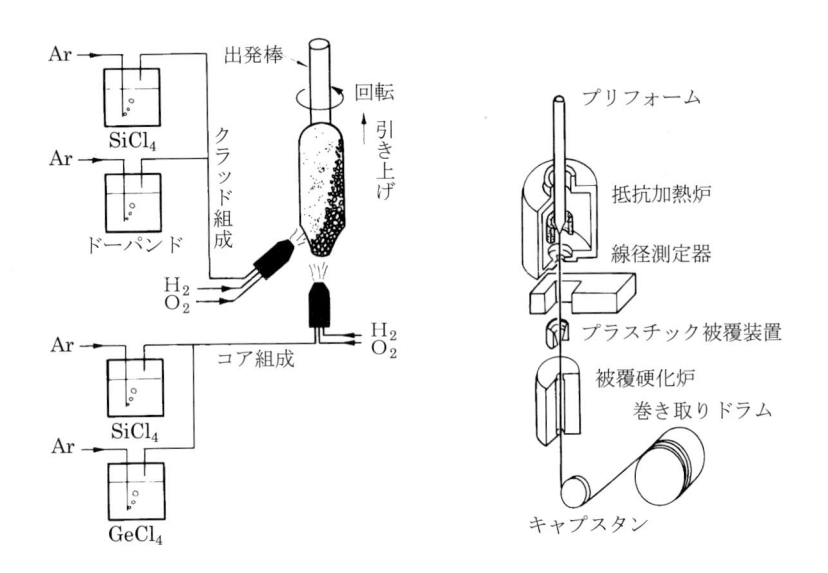

図9.4.2　VAD法光ファイバ製造装置の概念図　（左）多孔質プリフォーム製造装置　（右）プリフォームの線引き装置

屋内や自動車内など近距離で使う光ファイバとしては，弗素樹脂など曲げやすい高分子材料が研究されていいます。

関連技術

光ファイバは医療用の内視鏡（胃カメラ，血管内視鏡，脳手術装置など），人命救助用の照明付きファイバスコープなどにも利用されています。内視鏡はオリンパス㈱が開発した技術で，同社は世界需要の75％を製造しています。

光通信には光ファイバのほかに，光送信機能，光変調機能，光中継機能，光復調機能光受信機能など多くの関連技術が必要です。光源として使う光ダイオードやレーザ，そして検出器の改良も必要です。光ファイバを芯合わせして熔接する機器や光コネクターも大事です。

光を多チャンネルに分割したり結合したりする光分岐結合器も重要です。光ファイバの伝送容量を増加させるには，時分割多重（TDM, time division multiplexing）伝送技術，波長分割多重（WDM, wavelength division multiplexing）伝送技術などによって，1芯で非常に多くの光波を伝送できるシステムが開発されています。

電気・電子関連材料

10.1 絶縁材料～超伝導材料

電気抵抗

　電気抵抗の単位は Ω（ohm）です。単位体積について測定した電気抵抗率（electric resistivity）ρ の単位は $\Omega \cdot m$ です（図 10.1.1）。電気抵抗率の逆数を電気伝導度（導電率，electric conductivity）σ といいます。

　物質を電気抵抗率で分類すると，絶縁体，半導体，導体（良導体），そして超伝導体に大別できます。セラミックスやプラスチックの多くは絶縁体で，金属の多くは導体です。半導体の代表はシリコン（Si）とゲルマニウム（Ge）です。導体は温度が高くなると導電率が減少しますが，半導体や絶縁体では逆に導電率が増加します。

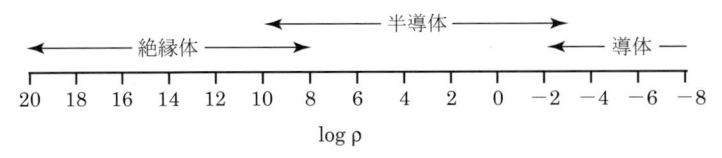

```
         ←――――絶縁体――――→  ←―――半導体―――→  ←――導体――
  ├──┼──┼──┼──┼──┼──┼──┼──┼──┼──┼──┼──┼──┼──┤
  20  18  16  14  12  10   8   6   4   2   0  −2  −4  −6  −8
                             log ρ
```

図 10.1.1　固体物質の電気抵抗率 ρ

絶縁物質

　絶縁物質（insulating material）には，気体と液体と固体の材料があります。
　気体絶縁物の代表は六弗化硫黄（SF_6）で，大電力遮断器の絶縁などに使われています。液体絶縁物には石油系やシリコーンオイル系の絶縁油があって，変圧器の絶縁などに広く使われています。
　固体の高分子絶縁物としては，紙，フェノール樹脂，エポキシ樹脂，ポリエチレン，ポリプロピレン，弗素樹脂，シリコーン樹脂などがあります。
　固体の無機絶縁物としては，粘土質磁器，アルミナ磁器，ムライト磁器，窒化アルミニウム（AlN）磁器，シリカガラス，硼珪酸ガラス，結晶化ガラス，サファイア単結晶，雲母など多種類の材料があります。量的に多く使われているのは粘土質磁器です。

碍　子

　碍子（electric insulator）は電気絶縁を目的とする磁器質の「やきもの」です。碍子の素地には電気絶縁性のほかに，機械的強度，耐久性，低価格が要求されるので，価格的に安い粘土質磁器を採用しています。碍子用の石英-ムライト-クリストバライト系磁器は，石英-長石-粘土系の生素地を押出し成形し，切削加工したものに施釉して乾燥し，1,300℃位に焼成してつくります。
　高圧送電線の鉄塔では懸垂碍子を数十段も重ねて使用しています。碍子と連結金具とはセメントモルタルで接合してあります。
　新幹線の架線電圧は交流60 Hz, 25,000 Vで，長幹碍子で絶縁しています。在来線の架線には直流も交流もあって，電圧もいろいろです。

点　火　栓

　自動車や航空機の内燃機関に不可欠な点火栓（spark plag）は，毎分数千回も繰り返し印加される30,000Vもの高電圧と，2,000℃を越える高温，そして5MPa以上の高圧に耐えなければならなりません。そのため絶縁物には熱伝導

度が大きいこと，耐食性（耐蝕性）が優れていることが要求されます．アルカリ分が少ないローソーダアルミナ磁器はこの苛酷な条件に耐えることができます（129頁参照）．

点火栓の製造は，主原料のアルミナ（Na_2O：0.05％以下）92-95％と焼結助剤（SiO_2，CaO，MgOなど）を混合した素地を，全自動で静水圧プレス（CIP，ラバープレス）します（128頁参照）．この生素地を切削加工したものを大気中で1,600℃に加熱して焼結させます．焼結体にマークや品番を印刷し，部分的に施釉して1,000℃で焼付けします．それにニッケル合金の中心電極を封止ガラスでシールして，主体金具を組み付けて製品ができます．

1998年度の統計では，世界全体の生産数量は約20億個で，日本特殊陶業㈱はその中の約5億個を製造しました．同社で製造しているプラグ製品「NGKプラグ®」は2,000種類もあるそうです．

セラミックパッケージと回路基板

セラミックパッケージ（ceramic package）はICやLSIなど半導体素子を収容する容器で，多数の端子をもっているのが特徴です．セラミックパッケージは京セラ㈱が最初に量産して業界に地位を築いたエレセラ部品です．材料のアルミナには，放射性物質とアルカリ成分の除去が要求されます．パソコン用やデジカメ用のCPUセラミックパッケージなどがつくられています．しかし普及品はプ

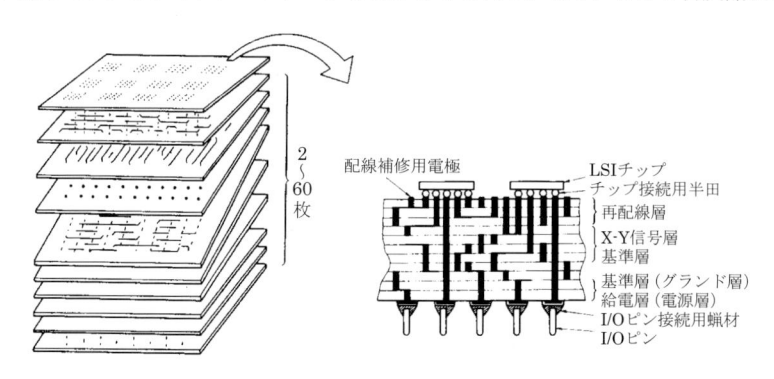

図 10.1.2　多層回路基板の構成

ラスチックパッケージに置き換えられています。

　各種の電子部品を搭載する回路基板（circuit substrate）も重要な部品で，将来も重要性が失われることはありません。回路基板は薄い絶縁体の上に導体の回路を形成します。回路基板には，耐熱性，絶縁性に優れ，機械的強度と熱伝導率が大きくて，誘電率が小さいことなどが要求されます。各種部品をハンダ付けしやすいことも必須条件です。基板の大きさは1cm角から数十cm角まで種々雑多です。単層基板の他，数十層までの多層回路基板が製造されています（図10.1.2）。

封止材料

　電子セラミックスが発達した現在では，ガラス，セラミックス，金属相互の気密絶縁接合は重要な中核実装技術の一つです。それらの接合に用いるガラス質の材料を，封止（封着，熔封，hermetic seal, sealing）ガラス，またはハンダガラスやフリット（frit）と呼んでいます（90頁参照）。封止ガラスには，封止温度が650℃以上の$ZnO·B_2O_3$系ガラス，封止温度が500℃以下の$PbO·B_2O_3$系ガラスなどいろいろあります。封止ガラスの粉末に有機バインダを加えてペースト状にした製品がよく使われます。

　半導体パッケージの封着用フリットにはソフトエラーを防止するため，α線放射量が非常に少ない製品が要求されます。

　金属同士の接合には，熔接，銀鑞付け，ハンダ（錫と鉛の合金），アルミハンダなどが採用されており，鉛を含まないハンダの開発が進んでいます。

超高純度シリコン半導体

　単結晶シリコン半導体（semiconductor）はエレクトロニクス産業を支えている基幹材料です。半導体集積回路（semiconductor integrated circuit）は一つのチップ（小片，chip）上に，多数のダイオード，トランジスタ，抵抗，コンデンサを組み付けた電子部品をいいます。IC（integrated circuit）は1,000個以下の素子を，LSI（大規模IC，lage scale integrated circuit）は1,000-10万個の

素子を組み付けた部品です。半導体回路の集積度は年々増大して，回路の線幅はますます狭くなっています。

シリコン（珪素, Si, silicon）は天然には存在しない材料で，原料は珪石（SiO_2）です。北欧などで採掘された珪石を，現地で炭素電極を使うアーク電気炉で熔融・還元して，多結晶金属シリコンに変えます（式 10.1.1）。

厚膜技術

厚膜（thick film）の形成法には，カレンダー法，塗装法，印刷法などいろいろありますが，もっとも多く使われているのがドクターブレード法（doctor-blade method）です（図 10.1.3）。ドクターブレードは印刷用語で，グラビア印刷で版面から余分なインクを掻き落とす鋼鉄製の刃をブレードといいます。この方法では，セラミックスの粉末に有機バインダーなど数種類の添加物を加えた泥漿（slurry）を用意します。泥漿をポリエステルフィルムの移動キャリヤー上に流して，ブレードのエッジで一定の厚さに拡げます。これを乾燥してシート状の柔軟な成形体にします。この方法でアルミナ，チタバリ，PZT，フェライトなどの薄くて（0.1-0.5 mm）丈夫なグリーンシート（生シート，green sheet）をつくることができます。

多層回路基板をつくるには，成形したシートに必要な小さな多数の穴をあけて回路を導電ペーストで印刷したのち，数枚ないし数十枚を正確に重ねてプレスします。それを一つ一つに切断したのち，ゆっくり加熱して有機物を除去します。それを高温に加熱して焼結させるのです。これに電極を焼き付けて，塗装し，マークを印刷して部品ができます。

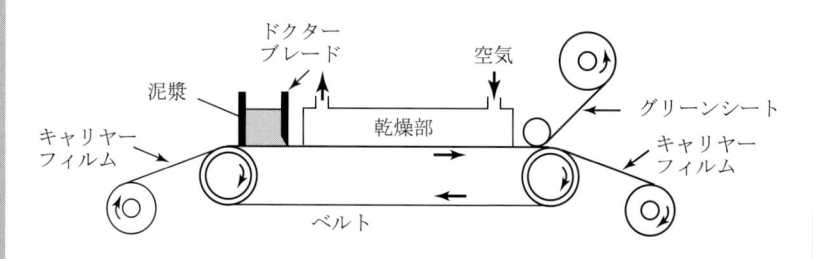

図 10.1.3　ドクターブレード法

$$SiO_2 + 2C \rightarrow Si + 2CO \qquad (式 10.1.1)$$

輸入した多結晶金属シリコンを微粉末にして塩酸に溶解すると，無色透明なトリクロロシラン（$SiHCl_3$）ができます（式10.1.2）。

$$Si + 3HCl \rightarrow SiHCl_3 + H_2 \qquad (式 10.1.2)$$

この液体を何回も蒸留して，可能な限り高純度化します。トリクロロシランから超高純度多結晶シリコンを製造する方法が熱分解法です。超高純度トリクロロシランと超高純度水素を反応容器に入れて，通電加熱した高純度シリコンの芯線の表面に多結晶シリコンを析出させます（式10.1.3）。

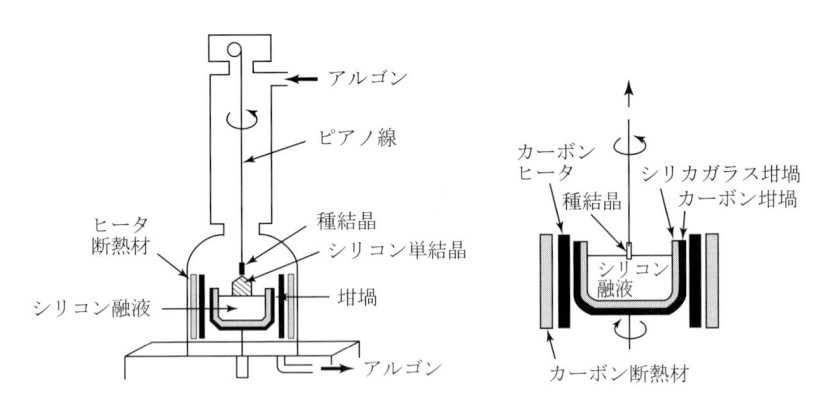

図 10.1.4　（左）CZ法シリコン単結晶育成装置の概念図　（右）坩堝の断面構造

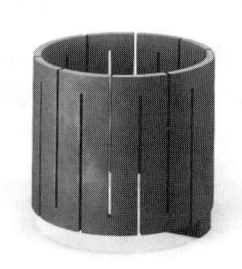

図 10.1.5　（左）超高純度等方性黒鉛の坩堝　（右）超高純度等方性黒鉛のヒータ

$$SiHCl_3 + H_2 \rightarrow Si + 3HCl \qquad (式\ 10.1.3)$$

半導体用シリコン単結晶育成法の主流である引上げ法（pulling method）は，チョクラルスキー法（CZ 法，Czochralski method）ともいいます。

単結晶育成装置を図 10.1.4 に示しました。原料の超高純度多結晶シリコンを，高純度アルゴンガス雰囲気装置内の坩堝（高純度不透明シリカガラス製）に入れて加熱・熔融（融点：1,450℃）します。その外側には超高純度等方性黒鉛製の坩堝を置いてシリカガラスの変形を防止します（図 10.1.5 左）。坩堝の周囲のヒータも超高純度等方性黒鉛で，直接通電して加熱します（図 10.1.5 右，112 頁参照）。断熱材は炭素繊維でつくったフェルトです。

操業にあたっては，炉の上方から種となる小さな単結晶を融液につけて，ゆっくり回転しながら引上げて単結晶を育成します。

この方法によって直径が 300 mm 以上もある高純度単結晶シリコン（イレブンナイン，99.999999999 ％）を製造することができます。p 型半導体や n 型半導体は極微量の不純物元素（3 価元素や 5 価元素）を添加して育成します。育成した単結晶を内刃式のダイヤモンドカッターでスライスして，表面を研磨するとシリコンウエハーができます。

可視領域の光ダイオードや光トランジスタの発光には，化合物半導体が利用されています。これらのⅢ-Ⅴ族化合物半導体（GaP，GaAs，AlGaAs，InGaN など）の単結晶は，高圧ガス雰囲気中で引き上げ法で育成しています（171 頁）。

IC タグチップ

タグ（荷札，tag）チップは図書館の本に貼り付けて情報を管理したり，高級食材の品質や流通を管理するなどへの利用が進んでいます。IC タグチップは最小のマイクロチップで，バーコードの数百倍もの情報を記録できます。ソニー㈱が開発した FeliCa® カードをはじめとする非接触 IC カードが本格的に普及しはじめました。JR，私鉄，バスに共通で乗車できる Suica®，PASMO®，ICOCA® カード，身体認証付きの銀行カード，携帯電話と組み合わせて買い物や住居の鍵にも使えるモバイル Suica など，周波数や作動距離が異なるいろいろな規格の

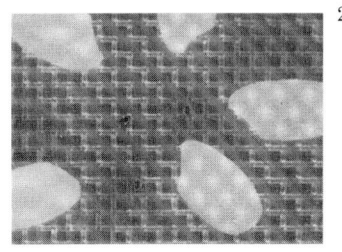

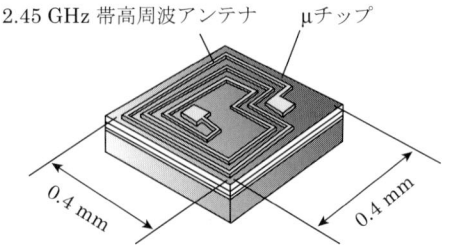

188　第10章　電気・電子関連材料

図 10.1.6　（左）0.4mm角のμチップ，大きいのは米粒
　　　　　（右）アンテナ内蔵型μチップの構造

非接触ICタグチップが実用化されています。
　㈱日立製作所が開発した「μチップ®」は芥子粒よりも小さい（0.4mm×0.4mm）埃のようなマイクロチップです。その中に128bitの情報量を記録でき，金メッキのアンテナも構築されています（図10.1.6）。μチップは，紙幣や証券などに漉き込んで偽造防止に活用したり，宝石や衣料に埋め込んで製品を管理したりできます。μチップの価格は量産することによって数円程度になると推定され，数年後の売り上げは数十兆円を超えると予想されています。なお，現在開発中のμチップは 0.15mm × 0.15mm × 0.0075mm という大きさです。

半導体製造工程

　半導体産業は薄膜産業です。ウエハー上に微細で複雑な形状のパターンを形成して電子回路をつくるのです。
　図10.1.7で集積回路製造の前工程の手順を説明します。
　①鏡面研磨したp型シリコンウエハー（直径300mm，厚さ0.725mm程度）を用意します。②900℃の水蒸気で処理して酸化膜（SiO_2）をつけます。③高温下でシラン（SiH_4）とアンモニア（NH_3）を反応させて窒化膜（Si_3N_4）を成長させます。④高速回転しているウエハーにフォトレジスト（感光性樹脂）溶液を滴下して，レジスト薄膜（厚さ1μm程度）をつけます。⑤ステッパ（166頁参照）を使って紫外線で微細な回路パターンを露光します。⑥露光部(または未露光部)

のフォトレジストを溶剤で溶かします。⑦150℃に熱処理してフォトレジスト膜を硬化させます。⑧フォトレジストをマスクにして窒化膜と酸化膜を選択的に除去（蝕刻，腐食，etching）します。⑨残ったレジストを酸素プラズマで灰化（ashing）除去して，洗浄します。④-⑨の操作を写真蝕刻（フォトリソグラフィー工程，photolithography）といい，このような工程が何回も繰り返えされて，一層また一層と半導体素子が形成されるのです。

これらシリコンウエハーの全面や特定領域に不純物を導入する作業を，不純物拡散法と呼んでいます。これには熱拡散法とイオン注入法とがあります。

熱拡散法では不純物ガスを流しながら加熱します。p型不純物としては，アンチモン化合物（Sb_2O_3），砒素化合物（As_2O_3, As_2H_3），燐化合物（$POCl_3$, PH_3）

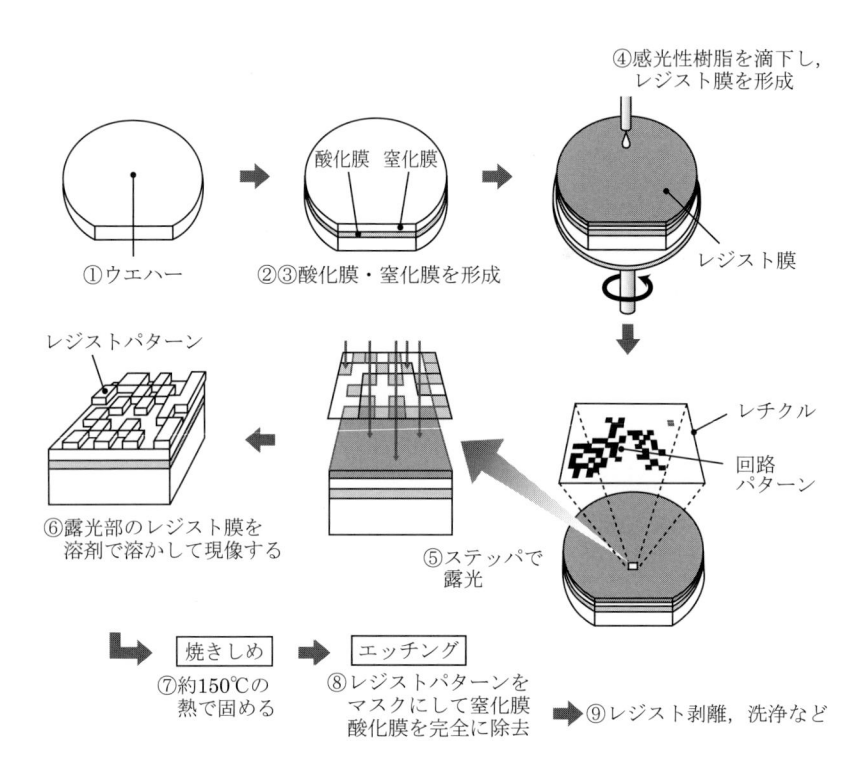

図10.1.7　半導体集積回路製造の前工程

が使われています。n 型不純物としては硼素化合物（BBr$_3$, B$_2$H$_6$, BCl$_6$, BN）が使われています。

　イオン注入法は高価なイオン注入機を使って，任意元素のイオンを任意の箇所に注入することができます。イオンの打ち込みによって結晶にダメージを与えるので，後で熱処理を行う必要があります。

　半導体産業で使われる原料（シラン，ゲルマン，ジボラン，ホスフィンなど）は危険性が大きい猛毒ガスが多いので注意しなければいけません。

　集積回路製造の後工程は，ウエハー上の素子を検査して一個一個に切り分け，リードフレーム（lead frame）にマウントして，素子とリードフレームの電極を細い金線で接続します。切り分けたチップは樹脂で保護して，品名などを捺印し，リードにメッキします。

サーミスタ

　多結晶質のセラミック半導体にはサーミスタとバリスタがあります。

　サーミスタ（thermistor, thermal resistor）は抵抗の温度係数が非常に大きい半導体材料で，NTC サーミスタ，CTR サーミスタ，PTC サーミスタがあります。それぞれの特性を図 10.1.8 に示します。

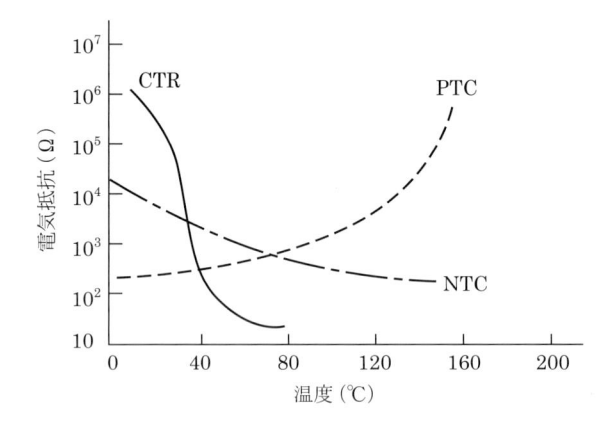

図 10.1.8　各種サーミスタの抵抗 – 温度特性

第 10 章　電気・電子関連材料　191

　NTC サーミスタは負（negative）の温度特性をもつ抵抗素子で，温度センサとして，自動車，家電製品，自動制御などに広く利用されています。家庭でも，電子体温計，風呂やエアコンの温度コントローラなど多数の NTC サーミスタが使われています。

　NTC サーミスタの多くは複酸化物の焼結体です。0℃から 1,000℃の範囲で使う多種類の素子が規格化されています。主伝導キャリヤーで分類すると，p 型半導体（NiO，Co_3O_4，Mn_3O_4，Cr_2O_3 など遷移金属酸化物の複合系，$NiO \cdot TiO_2$ 系，$CoO \cdot Al_2O_3$ 系スピネルなど）と，n 型半導体（$SnO_2 \cdot TiO_2$ 系，$TiO_2 \cdot Al_2O_3 \cdot Y_2O_3$ 系など），そしてイオン導電体（$ZrO_2 \cdot Y_2O_3$ 系など）に分かれます。多成分系材料を合成する際には，各成分を可能な限り均一に混合する（相互分散度を向上させる）ことが重要です。これは，誘電体や磁性体の製造でも同様です。

　CTR サーミスタ（critical temperature resistor）は，ある温度で抵抗値が急変するサーミスタで，温度警報装置や過熱保護装置などに使われています。実用化されている材料の多くは VO_2 系ガラスです。

　PTC サーミスタは正（positive）の温度特性をもつ感温抵抗素子です。チタン酸バリウム（$BaTiO_3$）に微量の異種原子を添加して半導体化し，キュリー温度を変化させて相転移に伴う電気伝導度の大きな変化を利用します。PTC サーミスタは安全な定温発熱セラミックスとしての用途，たとえば布団乾燥機，温風暖房機，ヘアードライヤー，ホットプレート，電子蚊取器，VTR の結露防止用などに採用されています。

バリスタ

　バリスタ（varistor, variable resistor）は，ある一定電圧以下では非常に高抵抗ですが，臨界電圧以上では急激に抵抗値が下がって大電流を通す非線形抵抗素子です。トランジスタ保護用の異常（surge）電圧吸収素子や電圧安定化素子など超小型の部品から，高圧送電用の避雷器など大型製品まで多くの種類があります。

　バリスタ特性を示す物質はいろいろありますが，代表的なものは酸化亜鉛系材料です。純粋な ZnO の焼結体はバリスタ特性を示さないのですが，少量の

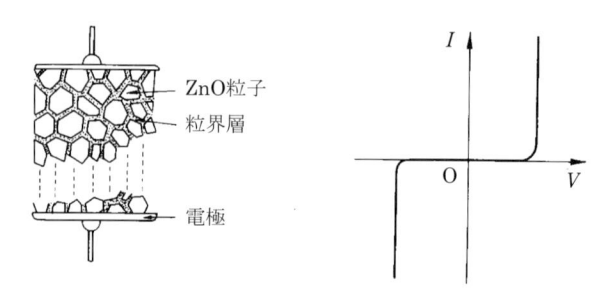

図 10.1.9 （左）ZnO 系バリスタの微構造模式図　（右）バリスタの抵抗 - 電圧特性

Bi_2O_3, Sb_2O_3, Pr_2O_3, BaO, CoO, MnO などを加えた焼結体にはバリスタ特性が現れます。この材料の微構造は ZnO の半導性粒子と粒界絶縁層からできています（図 10.1.9）。ZnO 系バリスタは松下電器産業㈱が 1968 年に発明しました。

抵抗材料

電気抵抗は，用途，許容ワット数，形状などによって千差万別です。電子回路に組み込むチップ抵抗，連装チップ部品，可変抵抗，半固定抵抗などの種類も膨大です。

抵抗体の材質は，元素（炭素，レニウム，タングステン，モリブデン，ルテニウム，タンタル，白金，ニッケルなど），合金（コバール，コンスタンタン，マンガニン，インバー，ニクロム，カンタルなど），化合物（ITO，SiC，$LaCrO_3$, $MoSi_2$, $ZrO_2 \cdot Y_2O_3$ など）とさまざまです。

抵抗体の形状は，線材（ニクロム線など），焼結体（SiC 発熱体，$LaCrO_3$ 発熱体，$MoSi_2$ 発熱体など），薄膜（炭素皮膜抵抗，金属皮膜抵抗，酸化金属皮膜抵抗など）といろいろです。電子回路では抵抗ペースト（酸化ルテニウムなど）で印刷する場合が多いようです。

イオン伝導材料

塩水が電気を通すのは，電解質（electrolyte）の NaCl が，水中ではイオンに解離（dissociation）しているからです。解離した Na^+ イオンと Cl^- イオンはそ

れぞれ水和（hydraion）しています。金属が水溶液に接しているとき，陽イオンになりやすさを示す指標はイオン化傾向（ionization tendency）といいます。亜鉛板を硫酸銅水溶液に浸すと亜鉛が溶解して銅が析出する現象は，イオン化傾向で説明できます。電気メッキ，電池，電気分解，電解精錬などの現象は，電解質溶液の反応として理解できます。

アルミニウム金属は熔融塩電解法で製造しています。アルミナは融点が高く（2,050℃）電気を通さないので（129頁参照），融剤として氷晶石（Na_3AlF_6）を加えて1,000℃に加熱して電解精錬しています。この方法で純度：99.0-99.8％の金属Alを製造できます。

固体状態で電気を通す物質が固体電解質（solid electrolyte）です。固体電解質は燃料電池にとって重要な役割を担っています。燃料電池にもいろいろな方式がありますが，酸素イオン（O^{2-}）高温導電体である安定化ジルコニア（135頁参照）を電解質とする燃料電池は，大電力用として期待されています。安定化ジルコニアは酸素ガス分圧センサとしても活躍しています（205頁参照）。

導電材料と超伝導材料

金属の多くは電気の導体（conductor）です。金，銀，銅，アルミニウムなど，立方最密構造をとる金属は特に良導体です。

超伝導（超電導，superconductor）体は臨界温度T_c以下で電気抵抗が消滅する物質で，その温度以下では電流が永久に流れ続けます。超伝導体の進歩を図10.1.10に示します。

現在実用化されている超伝導体は，液体ヘリウムで冷却する合金線材です。たとえばNbTi（$T_c = 10 K$）系の合金線材を使った超伝導電磁石が，核磁気共鳴分析装置（NMR）や核磁気共鳴画像診断装置（MRI），磁気浮上列車などに採用されています。これらの超伝導電磁石では，数万本の合金線と銅線からなる極細多芯線材が使われています。

1987年IBMチューリッヒ研究所で，酸化物系セラミックスの超伝導性が発見されて，高温超伝導体の研究に火がつきました。これまでに，Y系，Bi系，Tl系などの高温超伝導体が発見されて，T_cが120K以上の材料が合成されています。

図 10.1.10 超伝導体の進歩

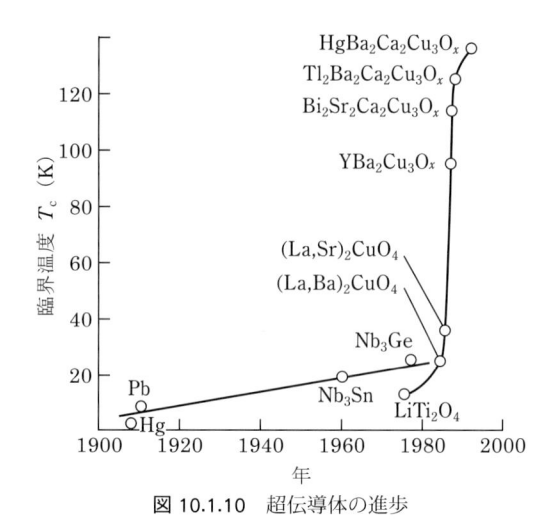

　液体窒素（沸点：77K）中での運転が可能な高温超伝導体が実用化されれば，超伝導送電，磁気浮上リニアモーターカー，MHD 発電，電磁推進船などが実現して産業界への波及効果は極めて大きいのです。液体窒素で冷却して使うビスマス系超伝導電力ケーブルの実証試験が進んでいます。

10.2　誘電材料・圧電材料

コンデンサ

　コンデンサ（蓄電器，condenser）は抵抗やコイルと並んで重要な電気部品です。2 枚の平行電極からなる電気容量 C（μF）のコンデンサに直流電圧 E（V）を印加すると，瞬間的に電流が流れてコンデンサに電荷 Q（C, coulomb）が貯まります。電荷 Q は，電気容量 C と電圧 E に比例します。誘電体（dielectric material）を使うコンデンサでは，極板の面積を S（m^2），極板間の距離を d(m)，比誘電率（relative dielectric constant）を ε とすると，コンデンサの容量 C（F）は ε と S に比例して，d に反比例します。

　コンデンサは誘電体の材質から，フィルムコンデンサ，タンタルコンデンサ，セラミックコンデンサなどに分類されます。ε の値は，真空は 1.0000，乾燥空気

は 1.0005, パラフィンは 2.2, ガラスやアルミナなどの無機物は 3-10 程度で, 酸化チタンは 50-80 程度です.

ペロブスカイト構造

ペロブスカイト (灰チタン石, perovskite, $CaTiO_3$) は天然に産出する鉱物で, 図 10.2.1 に示した結晶構造をもっています. チタン酸バリウム (チタバリ, $BaTiO_3$) は自然界には存在しない物質で, チタバリで代表されるペロブスカイト構造の強誘電体は ε の値が 1,000-10,000 と非常に大きいので, これを使うとコンデンサを超小型にすることができます. チタバリの研究が始まったのは第二次世界大戦中で, 米国とソ連と日本で独立に研究がはじまりました. ペロブスカイト構造では, Ca 原子を Ba, Sr, Pb などの原子で, Ti 原子を Zr, Hf などの原子で置換できますし, それらは互いに固溶します. したがって特性が異なる多種類の強誘電性材料を合成できるのです.

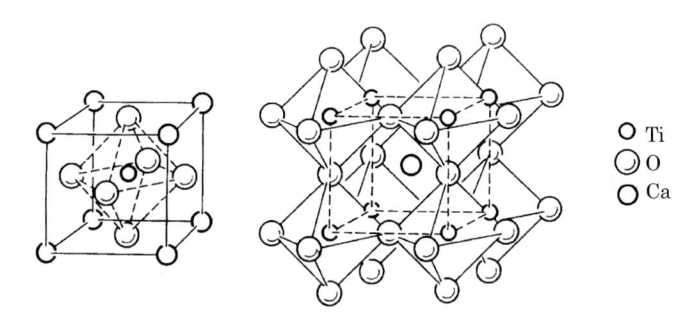

図 10.2.1　理想的なペロブスカイトの結晶構造

積層セラミックコンデンサ

積層セラミックコンデンサ (multilayer ceramic condenser) は, 薄い誘電体層と内部電極層を数層ないし数百層交互に重ねた構造です (図 10.2.2). 誘電体層の厚さ (3-10μm) と内部電極層の厚さ (1-5μm) もどんどん薄くなって, 誘電体層の厚さが 1μm の積層セラミックコンデンサもつくられています.

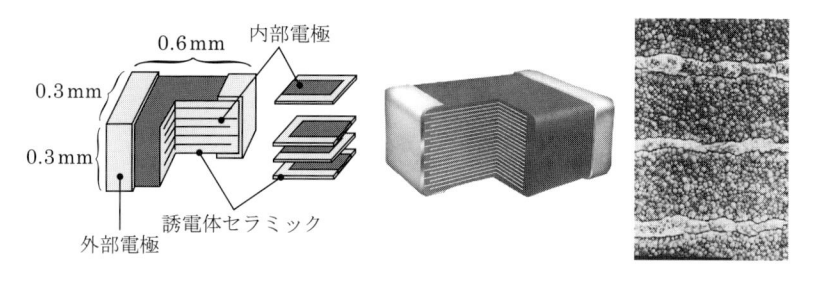

(左）コンデンサの構造　（中）断面構造　（右）断面の顕微鏡写真
図 10.2.2　0603 型積層チップコンデンサ

積層コンデンサは年々小型化と大容量化が要求されています。現在量産されている主力のチップコンデンサは，外寸が 0603 型（0.6 mm × 0.3 mm × 0.3 mm）で，0402 型（0.4 mm × 0.2 mm × 0.2 mm）型の量産も進んでいます。

$BaTiO_3$ や $SrTiO_3$ の焼結温度は 1,300‑1,400℃ですから，積層コンデンサの内部電極には Pt や Pd を使う必要があります。それに対応して，900‑1,000℃で焼結できる誘電材料（$Pb(Mg_{1/3}Nb_{2/3})O_3 \cdot Pb(Ni_{1/3}Nb_{2/3})O_3 \cdot PbTiO_3$ など）が開発されて，ニッケル（Ni）を内部電極に使用した安価な低温焼結コンデンサが市販されています。

積層セラミックコンデンサの需要は莫大で，1998 年には 3,100 億個で 3,300 億円が製造されました。㈱村田製作所は 2007 年 3 月期には積層セラミックコンデンサを 5,650 億円も売り上げて，世界シェアーの 35％を占めました。同社は積層セラミックコンデンサの 80％を国内で生産して，製品の 85％を海外で販売しました。

圧電物質

音波（sonic wave）や超音波（supersonic wave）は縦波（粗密波）で，真空中でも伝播する電磁波と違って媒体がないと伝播しません（161 頁参照）。液体や固体の中では音波や超音波は電磁波よりも透過力が大きいのです。地震波の中でもっとも速く到達する P 波は縦波です。圧電物質は音波や超音波を発生・検知するために不可欠な材料です。

優れた圧電材料（piezoelectric material）であるジルコンチタン酸鉛（PZT，$PbZrO_3 \cdot PbTiO_3$）の研究が始まったのは 1950 年以後のことです。ペロブスカイト構造の PZT 系セラミックスは，$BaTiO_3$ 系セラミックスに比べて圧電特性と温度安定性が優れています。それに加えて，キュリー温度が高いので使用温度範囲が広いのが特長です。PZT を基本構造とする化合物はすべて天然には存在しない合成物質で，実用材料には，三成分（$PbTiO_3 \cdot PbZrO_3 \cdot Pb(Co_{1/2}W_{1/2})O_3$）系材料，チタン酸鉛（$PbTiO_3$）系材料，Bi 層状系材料などがあります。そのほか，ニオブ酸リチウム（$LiNbO_3$），タンタル酸リチウム（$LiTaO_3$）なども使われています。

圧電デバイス

圧電体を使っているデバイスには多くの種類があります。身近なものでは，自動販売機のスピーカーや圧電ブザーがあります。超音波加湿器は冬の室内の乾燥を和らげます。超音波洗浄器は眼鏡屋の店頭には必ず用意されています。熱可塑性フィルムや織物の接合には超音波縫製機が使われます。工場では強力に振動する超音波加工機が活躍しています。圧力センサ，角速度センサ，超音波センサなどに採用されている圧電素子も無数にあります。百円電子ライターでは，バネを利用した衝撃力を PZT 焼結体に与えて 10,000V 以上の高電圧を発生させてブタンガスに点火します。指先にショックを感じても危険はありません（図10.2.3左）。

超音波は電波に比べて指向性が大きいという特徴があります。圧電体を使う超音波発振器や超音波検出器は広い用途をもっています。ランジュバン型発信器を備えた高性能の水中音波探知機（ソナー，sonar）は，艦船の種類から個々の艦船名まで識別することができます（図10.2.3右）。各種の超音波魚群探知器は漁船はもちろん素人の釣り船にまで装備されています。

超音波内臓診断装置は人体に全く害がないので，内蔵検査や子宮内胎児の観察に広く使われています。この装置は超音波プローブを身体の表面に接触させて圧電振動子にパルス電圧を印加すると，振動子の共振周波数を中心周波数とする超音波パルスが体内に発射されます。この超音波パルスの一部は異なる音響インピーダンス（密度と音速の積）をもつ境界で反射されますから，同じプローブで受信し増幅してリアルタイムで表示します。

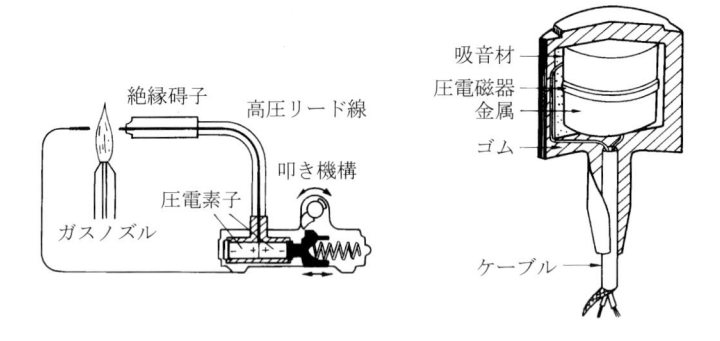

図 10.2.3 （左）圧電体を使った可燃性ガスの衝撃圧電点火機構（右）ランジュバン型水中超音波送受信器

　音波や超音波を用いる音響（acoustic）非破壊検査（NDI, nondestructive inspection）装置が各分野で利用されています。たとえば，岩石の破壊寸前の音響測定による地震予知，コンクリートの欠陥部分の打音検査，鉄道車両車輪の打音検査などに使われています。これらの測定原理は超音波診断装置と同じです。

　圧電フィルタは電気信号の中から必要な信号だけを通過させたり除去したりする部品です。圧電フィルタには機械的エネルギーと電気的エネルギーとの変換効率が高いこと，損失が少ないこと，温度安定性のよいことが要求されます。セラミック圧電フィルタは小型・安価で，テレビをはじめとする電子機器に大量に使われています。

　超音波アクチュエータ（変換器，actuator）は，圧電体に電圧を加えて機械的変形を与える素子で，精密な位置制御を行うマニピュレータなどに利用されています。

　進行波方式の超音波モータは，町工場の経営者 指田年生が発明しました。金属リングの振動体の反対側にPZT圧電体を貼ってステータとします。一眼レフカメラの自動焦点レンズの駆動などに採用されています。

水晶部品

単結晶水晶発振子（振動子，oscillator）は焼結圧電材料に比べて固有振動が桁違いに安定しています。エレセラ部品として使用する水晶は，水熱合成装置で合成した人工水晶です。単結晶を薄く小さく研磨した材料を使います。水晶発振子の振動モードはカットの方向と形状によって変化します。水晶発振子の共振周波数は薄くて小さいほど高くなります。現在では厚さが $10\,\mu m$（$150\,MHz$ 対応）から $5\,\mu m$（$600\,MHz$ 対応）まで精密研磨する技術が開発されています。最小の時計用水晶発振器は，発振周波数が $32\,kHz$，大きさは $3.2\,mm \times 1.5\,mm \times 0.9\,mm$ 程度で，$3.3\,V$ で $1.0\,\mu A$ を消費します。

水晶発振子は，腕時計，携帯電話，カーナビ，情報家電製品などに大量に使われています。水晶式腕時計（クオーツウォッチ，quartz watch）は，セイコー㈱が 1969 年に開発しました。腕時計のムーブメント（駆動装置，movement）は世界需要の 7 割以上を日本企業が生産しています。

ローパスフィルタは，CCD センサが取り込んだ画像を電気信号に置き換える際に，光の干渉でモアレ（縞模様, moire）が発生して画像が見づらくなる「ゴースト現象」を防ぐ小さな部品です。デジカメやカメラ付き携帯電話に用いられており，大きな需要があります。

表面弾性波（SAW, surface acoustic waves）は，材料の表面をさざ波のように伝わって行く振動です。SAW 型フィルタは圧電体の表面に櫛型の交差電極を

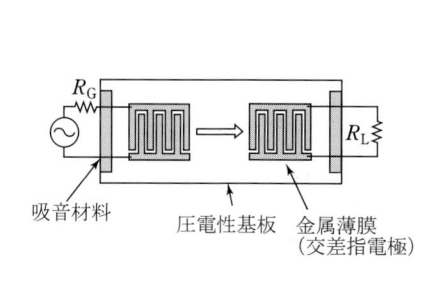

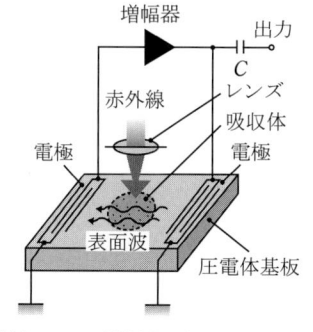

図 10.2.4　（左）SAW 型フィルタの構成　（右）SAW 型放射温度センサの構成

設けて共振回路を形成した特定周波数用のフィルタです（図10.2.4（左））。材料には水晶やニオブ酸リチウムなどの単結晶が使われています。受信する電波の中から必要な周波数だけを選定する部品として，携帯電話などに数個の部品が組み込まれています。SAWの伝播速度は表面状態や温度に強く影響を受けますから，これを利用した温度センサもつくられています（図10.2.4（右））。

10.3 磁性材料

硬質磁性材料

硬質磁性材料（高保磁力磁性材料）は永久磁石用の材料で，保磁力H_cが1kA/m以上の材料をいいます。永久磁石の性能は最大エネルギー積$(BH)_{max}$で表します。単位は（J/m³）または（GOe）です。

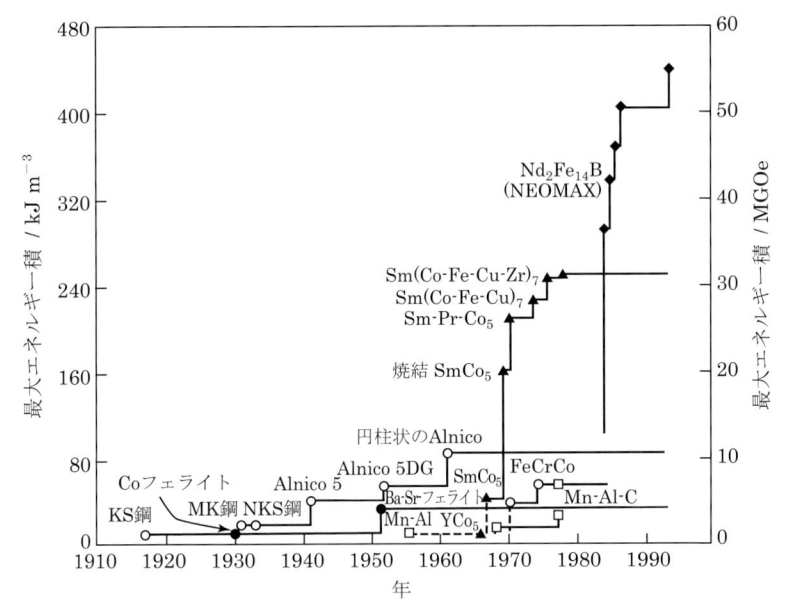

図 10.3.1　永久磁石の最大エネルギー積 $(BH)_{max}$ の発達
住友特殊金属㈱資料

永久磁石材料の進歩状況を図10.3.1に示します。磁性材料に対する日本人先輩の貢献は非常に大きいものがあります。東北大学の本多光太郎はKS鋼（Fe-Co-W-Cr-C合金）とNKS鋼（Fe-Co-Ni-Ti合金）を発明しました。三島徳七はMK鋼（Fe-Ni-Al合金）を発明しました。GE社はこれを発展させてアルニコ®系磁石（Fe-Al-Ni-Co-Cu合金）を開発しました。

東京工業大学の武井武と加藤与五郎は，酸化物系のOP磁石を研究して，スピネル型フェライト磁石（ferrite magnet）を1933年に発明しました。TDK㈱はこの研究を基礎にして設立された企業です。

フィリップス社は，マグネトプランバイト構造のバリウムフェライト磁石を1951年に発明しました。現在ではこの材料が安価な永久磁石として広く利用されています。

1960年代後半になると超強力希土類磁石が登場しました。サマリウム－コバルト（Sm-Co）系磁石や，ネオジム－鉄－硼素（Nd-Fe-B）系磁石です。超強力磁石は機器を小型化できるので先端産業などに使われています。

ボンド磁石は，フェライト磁石や希土類磁石の粉末を可塑性プラスチックやゴムに練り込んだ磁石です。この磁石は成形時や成形後に磁化することが可能で，多極着磁した磁石がスッテッピングモータなどに採用されています。

軟質磁性材料

コイルは抵抗やコンデンサと並んで重要な電気部品です。軟質磁性材料（高透磁率磁性材料）は透磁率 μ の値が大きい材料です。残留磁束密度 B_r が非常に大きくて，保磁力 H_c とヒステリシス曲線の面積が極めて小さいので，弱い磁場を加えても強く磁化されます。

軟質磁性材料は商用周波数帯域用の各種変圧器，電磁石，モータなどの磁芯として広い用途があります。鉄に0.5-5%のシリコンを添加して圧延した珪素鋼板（$\mu = 1,000$，$H_c = 160 \text{A/m}$ (0.5 Oe) 程度）は，優れた軟質磁性材料です。

酸化物軟質磁性材料は電気抵抗値が大きくて高周波損失が少ないので，高周波帯域の軟質磁性材料として広い用途があります。酸化鉄を主成分とする軟磁性酸化物磁性材料をソフトフェライトと呼んでいます。酸化物軟質磁性材料にはスピ

ネル構造の Mn-Zn フェライトなどがあります。ソフトフェライトは，ブラウン管の偏向ヨーク，テレビのフライバックトランス，高周波トランス，中間周波トランス，アンテナ，スイッチング電源，スピーカ，ノイズフィルタ，磁気シールド，インダクタ，チップインダクタ，可変インダクタ，可変コイルなど多種多様な部品に採用されています。酸化物磁性材料の製造には焼成時の酸素分圧制御が重要です。

磁気記録材料

硬質磁性材料と軟質磁性材料の中間の性質をもつ半硬質磁性フェライトは，磁気記録材料（magnetic recording material）として重要です。磁気記録媒体としては，比較的容易に磁化してそれを確実に保持でき，必要に応じて記録が再生できることが要求されます。粉末状の磁気記録媒体が，交通切符，キャッシュカード，コンピュータのハードディスク駆動装置 HDD（hard disk drive），フロッピディスク，ビデオテープなどに広く採用されています。

磁性粉体には赤褐色の $\gamma\text{-Fe}_2\text{O}_3$ と黒色の Fe_3O_4 があります。$\gamma\text{-Fe}_2\text{O}_3$ の製造工程を図 10.3.2 に示します。$\gamma\text{-Fe}_2\text{O}_3$ の製造では基板の表面に磁性体を薄く塗布するので，配向しやすい針状の微粉末が要求されます。まず硫酸第一鉄溶液（鋼の酸洗廃液）に空気を吹き込んで湿式反応させ $\alpha\text{-FeOOH}$ をつくります。針状の微

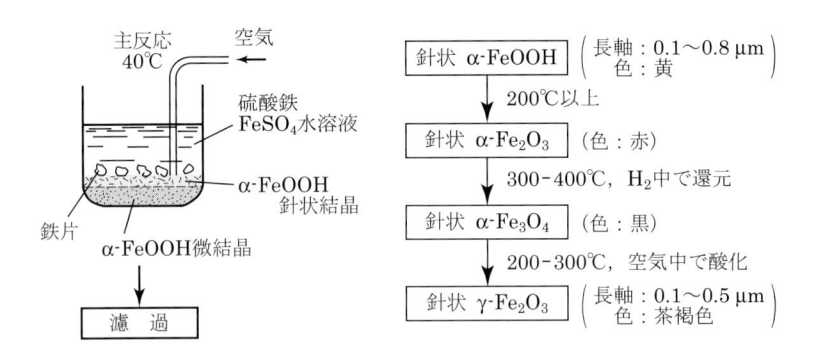

図 10.3.2 （左）針状 $\gamma\text{-Fe}_2\text{O}_3$ 微粉末の製造工程　（右）粉末の熱処理工程

粉末に要求される形状・大きさの針状 α-FeOOH 結晶を育成することが，磁性粉体生産工場のノウハウです。濾過した粉末を針状を崩すことなく Fe_3O_4 まで還元したのち，もう一度低温域で酸化して $γ$-Fe_2O_3 を製造します。

　磁性粒子の長軸は μm 以下で，長軸と短軸の比（アスペクト比）が，1：6-1：10 と大きい微粉末が要求されます。$γ$-Fe_2O_3 粒子の表面に Co^{2+} イオンをごく薄く（10 Å 以下）ドープして 300-400℃に加熱すると，磁性粉の電気特性が著しく向上します。

　垂直磁気記録方式を採用した HDD は，従来方式の 5-6 倍の高密度でデータ記録ができるので，2008 年中に本格的な製造がはじまります。

その他の磁性材料

　現代社会は無数の電波が飛び交っていて，電波の混信や医療機器への障害などが起こります。電磁波のシールド（遮蔽，shield）には，電界による遮蔽と磁界による遮蔽とがあります。電界による遮蔽材料には導電性のよい物質が使われます。銅箔，鉄板，金属粉末，黒鉛粉末，カーボンナノチューブなどです。外部電波を完全に遮断する電波暗室は銅板で囲まれています。磁界による遮蔽には珪素鋼板，パーマロイ，フェライトなどが採用されます。高層ビルの表面には電波を吸収するフェライトタイルを貼ってあります。隠密行動するステルス機（stealth aircraft）には，レーダー電波を吸収するフェライト塗料を塗布してあります。

　磁石の特殊な用途に磁性流体があります。気密を保つ必要がある真空回転用の軸シールや，宇宙服の可動部分などに使われています。磁性流体はシリコーンオイル（silicone oil）に微細な粉末磁石を分散させた液体です。HDD の回転軸に装着する磁性流体シールは，ディスク内部に異物が侵入するのを完全に防止できるコイン型の部品です。

10.4 センサ

自然界のセンサ

センサ（sensor）は，検知器，検知素子，感知器などと訳されています。センサで検知した信号をフィードバック（帰還，feedback）して，装置や機械を自動制御することができます。

自然界にはセンサの見本が無数に存在します。昆虫センサの例としては，蜜蜂の帰巣(きそう)能力，蚊の炭酸ガス検知能力，蛍の光探知能力などがあります。爬虫類センサの例としては，ハブやガラガラ蛇の熱源探知能力などがあります。海の生物センサの例としては，鮭鱒類の回帰能力，鰻の産卵と大回遊，大潮・満月の夜の珊瑚(さんご)や赤手蟹の一斉産卵現象，鯨や海豚(いるか)の超音波交信能力などがあります。哺乳動物センサの例としては，警察犬の麻薬探知能力，豚のトリフ探知能力，蝙蝠(こうもり)の超音波発信・受信能力などがあります。

千差万別なセンサ

自然界のセンサには遠く及ばないものの，多種多様なセンサが開発されています。現在の我々は無数のセンサに囲まれて生活しているので，センサなしの生活など想像することもできません。

センサは「千差万別」といわれるくらい種類が多くて，センサ開発についての理論的な指針は何も存在しません。高感度，小型，安価，確実で，耐久性に優れていて，重要な情報が得られる素子であれば何でもよいのです。以下では代表的なセンサについて簡単に紹介します。

力学量を検出するには，各種尺度センサ，測量器械，水位計，潮位計，雨量計，風量計，流量計，重力センサ，重量センサ，圧力センサ，圧力分布センサ，歪(ひず)みゲージ，速度センサ，風速計，流速計，真空計，高度計，気圧計，速度センサ，加速度センサ，破壊強度センサ，ノッキングセンサ，衝撃(しょうげき)センサ，各種地震計などがあります。

温度センサとして，無数のサーミスタが大活躍しています。体温計，空調機器の温度調節，航空機や自動車のエンジン各部の温度測定などなどです。SAWを

利用した温度センサもつくられています（199頁参照）．

　振動を検出するには，振動センサ，超音波センサ，魚群探知機，潜水艦探知機，超音波診断機などがあります．音響センサには，マイクロホン，ピックアップ，音声センサ，音声認識センサ，盗聴器，補聴器，打音検査機，音波解析装置などがあります．接触センサとしては，タッチセンサ，導電センサ，触覚センサ，無接触磁気センサなどがあります．

　光を使うセンサには，赤外線センサ，テレビのリモコン，エスカレータ自動運転センサ，自動点灯装置，防犯用センサ，暗視装置，犯人探知センサ，レーザ測量機器，衝突防止センサ，バーコード認識センサ，指紋センサ，眼底認識センサ，顔認識センサ，図形認識センサ，立体形状認識センサ，花粉センサ，埃（ほこり）センサなどがあります．

　方位センサには，磁針，天体観測，回転独楽（ジャイロ），レーザジャイロコンパス，GPS装置，振動ジャイロなどがあります．

　1991年のエレクトロニクスショーでは模型の無人自転車が会場を自由に動き回って話題を独占しました．この自転車はPZTセラミックスを用いる小さな振動ジャイロセンサで傾きを検出して前輪の動きを制御します．㈱村田製作所が開発したこの振動ジャイロは，重量が数gで価格がわずかに数十円です．2006年に改良された自転車ロボット・ムラタセイサク君は自動運転はもちろん，一点に正立・停止することもできます．

　それ以来，PZTセラミックスや水晶単結晶を用いるこの種の振動ジャイロセンサは，アクロバット飛行ができる模型飛行機やヘリコプター，無人運転建設機械，デジカメやビデオカメラの手ぶれ防止装置などに広く採用されています．この種のセンサを使ったナビゲーション（航法，navigation）装置が進歩して安価なカーナビが実用化しました．

　我々の周囲では各種ガス（二酸化炭素，一酸化炭素，二酸化硫黄，水素，炭化水素，水蒸気など）を検知する多種類のセンサが活躍しています．センサの測定原理や構造はさまざまですが，電気信号として出力される必要があります．たとえば，プロパンなどを検出するガス漏れセンサ，湿気を測定する湿度センサ，臭（におい）成分を検出する臭センサ，火災や煙を測定する火災報知器などです（図10.4.1）．

　自動車の排気ガスによる公害が大問題になっています．内燃機関には燃料を燃

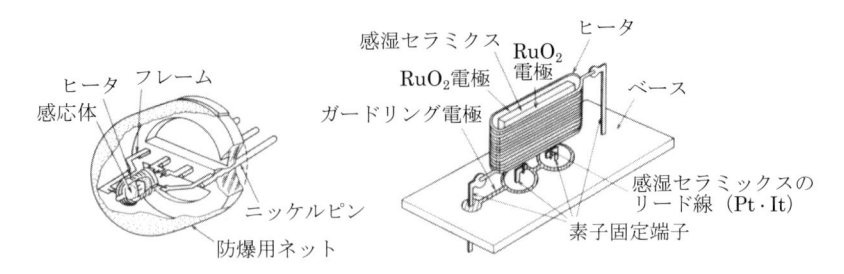

図 10.4.1 （左）Fe_2O_3 焼結体ガスセンサの構造　（右）セラミック湿度センサの構造

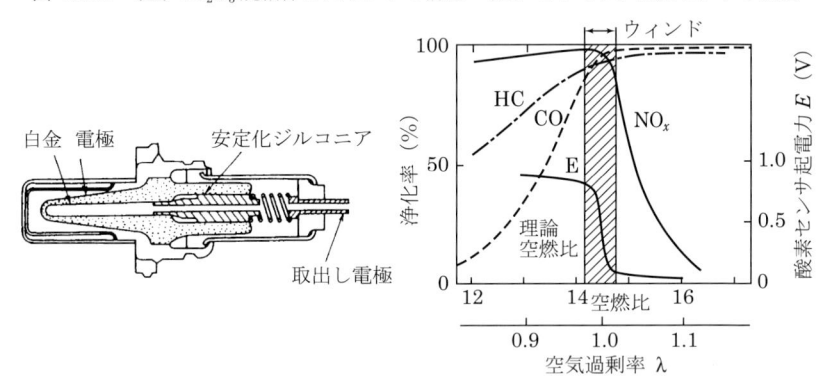

図 10.4.2 （左）ジルコニア酸素ガスセンサの構造　（右）ジルコニア酸素ガスセンサの特性

焼させるのに最適な酸素濃度があります．そのため，400-800℃の排気ガス中に挿入して，酸素分圧を時々刻々測定する酸素ガス分圧測定センサが活躍しています．高温固体電解質の安定化ジルコニアセンサがそれで，測定値をフィードバックして最適量の空気をエンジンに供給することができます（図 10.4.2）．この方式の自動車用酸素ガス分圧センサは年間 6,000 万個も製造されていて，日本製が 50％以上のシェアーを占めています．

　現在つくられているセンサは人間の五感（視覚，聴覚，臭覚，味覚，触覚）のすべてを代替するものではありません．味覚や臭覚についてのセンサは，料理のシェフやワインのソムリエそして調香師に勝るものはありません．嘘発見器は利用されていますが，人間の直感や霊感を補助するセンサはまだ開発されていません．

索　引

【英数字】

AE 減水剤 ································ 79
AF ····································· 158
ALC ·························· 82, 156
BK7 ガラス ····················· 164, 165
BWR ························· 120, 121
CA モルタル ······················ 82, 83
c-BN ·································· 140
C/C コンポジット（C/C コンポ）134, 142
CCD センサ ·························· 199
CFRC ··························· 81, 82
CFRP ·························· 132, 133
CIP ······················ 112, 128, 183
CTR サーミスタ ·············· 190, 191
CVD 法 ······ 58, 95, 114, 141, 175, 176, 179
CZ 法 ································· 187
DLC ··························· 114, 142
EL ···································· 169
──ディスプレー ···················· 171
FRC ··································· 80
FRP ······························ 3, 132
FSZ ··························· 135, 136
GE 社 ························· 167, 168
GFRP ························· 132, 157
HIP ··································· 128
IC タグチップ ······················ 187
㈱ INAX ···················· 12, 60, 62
ITO 膜 ······························· 175
LCD ································· 171
LED ·························· 171, 172
MAS ································· 159
MCVD ······························· 179

MOCVD 法 ························· 176
NDI ································· 198
NGK プラグ® ······················ 183
NTC サーミスタ ··········· 17, 190, 191
PAN 系炭素繊維 ··············· 112, 113
PC ···································· 81
──工法 ······························ 81
──コンクリートスラブ軌道 ······· 82
──パネル ···························· 34
PCa 工法 ···························· 82
PSZ ································· 136
PTC サーミスタ ··············· 190, 191
PVD 法 ····························· 175
PWR ························· 120, 121
PZT ·························· 185, 197
──セラミックス ···················· 205
RC ···································· 79
RCF ·································· 157
SAW ························· 199, 204
TDM ································ 180
TOTO ㈱ ······················ 12, 62
TZP ································· 136
VAD ································ 179
WDM ······························· 180

【あ行】

アーク灯 ···························· 167
アインシュタイン ··········· 117, 119
旭硝子㈱ ···························· 100
圧電材料 ···························· 197
──セラミックス ····················· 15
──デバイス ························ 197

208　索　引

アモルファス……………………………88
────シリコン太陽電池………177
アラゴナイト（霰石）………………25
アルカラザ……………………………155
アルカリ骨材反応………………84, 85
────石灰ガラス……………………89
────長石…………………………33, 43
アルマイト®……………………61, 175
アルミサッシ…………………………61
アルミナ…129, 168, 183, 185, 193, 195
────セメント…………………………74
────セラミックス………14, 15, 129
────ファイバ…………………………158
アルミネート相……………68, 70, 72
安山岩……………………………29, 84
安全ガラス……………………………100
安定化ジルコニア……………135, 193
──────────センサ………………206
イオン化傾向………………………193
板ガラス…………………97-99, 170, 171
ウィスカー……………………………158
釉（うわぐすり→釉（ゆう））
エアバス A350………………………133
永久磁石……………………………200
衛生陶器………………………………62
エーライト………………68, 70, 71
液晶ディスプレー用板ガラス……171
液体絶縁物……………………………182
エトリンガイド…………………………72
エレセラ……………13, 14, 17, 183, 199
塩基性耐火物……………………151, 152
遠心工法………………………………81
延性材料………………………………126
エンセラ………………………………14
鉛筆…………………………………11, 107
オートクレーブ処理軽量コンクリート…156
オプトセラミックス……………………14
オリンパス㈱…………………………180
音響非破壊検査……………………198
温度センサ…………………………200

【か行】

カーボランダム（carborundum®）……139
カーボンナノチューブ………105, 115, 203
────皮膜…………………………114
────ファイバ……………………112
────ブラック………105, 107, 108
快削性セラミックス………………102
碍子………………………………11, 182
外壁材…………………………………60
回路基板………129, 157, 183, 184, 185
化学的気相蒸着法…58, 95, 114, 175, 176
核分裂反応……………………………119
花崗岩……………………20, 29, 33, 34, 43
火山岩……………………………29, 84
火成岩…………………………………29
可塑性…………………………7, 41, 42
活性炭…………………………………111
──白土………………………………39
ガラス………4, 11, 27, 87-104, 195
────状態……………………………91
────繊維………11, 156, 157, 174, 178
────繊維強化プラスチック……132, 157
────転移点……………………91, 92
カリウム長石…………………………20
カリ石灰ガラス………………………89
軽石……………………………………38
カルサイト……………………………25
カレット………………………………92
瓦…………………………………57, 58
岩石……………………………………27
橄欖岩（橄欖石）………………20, 21, 29
気孔……………………………154, 155
輝石……………………………20, 21
気体絶縁物……………………………182
機能性セラミックス…………………14
キャスタブル耐火物……………153, 154
キュリー夫妻…………………………116
凝灰岩……………………………31, 37
強化ガラス…………………………100
京セラ㈱……………………………183
亀裂……………………………………126

金属……………………143, 181, 193, 203
近代セラミックス………………………14
クラウンガラス………………………165
クリスタルガラス………………………90
クリンカー…………67, 70, 71, 73, 74
蛍光灯…………………………………169
珪酸塩化合物……………………………20
──ガラス………………………89, 93
──工業…………………………………11
──セラミックス………………………9
珪酸カルシウム…………………………61
──────系材料……………………156
珪石………………………………55, 69
──質（珪石質物）………………41, 42
珪藻土……………………………………38
軽量気泡コンクリート…………………82
軽量耐火物……………………………158
消炭……………………………………109
結晶化ガラス……………………101, 137
結晶質材料………………………………3
──繊維………………………………158
ゲルマニウム…………………………181
懸垂碍子………………………………182
玄武岩……………………………20, 29
コア・グラス……………………………94
コイル…………………………………201
高圧水銀灯……………………………167
──ナトリウムランプ………………168
光学ガラス…………………………164, 165
抗火石……………………………………38
高強度セラミックス…………………127
─硬度セラミックス…………………141
鉱滓………………………………………47
鉱産原料…………………………………36
硬質磁性材料…………………………200
構造材料…………………………………3
──用セラミックス……………………14
硬度……………………………………138
高透磁率磁性材料……………………201
鉱物………………………………………27
高保磁力磁性材料……………………200

高炉製鉄……………………110, 147, 148
高炉セメント……………………………74
コークス（骸炭）……………………110
コーディエライト系セラミックス…159
コーティング工具…………………141, 176
コーニング社………90, 101-103, 171, 179
コールドジョイント……………………86
黒鉛…………………105-107, 114, 139, 203
黒炭……………………………………109
固体絶縁物……………………………182
──電解質……………………………193
コランダム……………………………139
コンクリート………………11, 75-86, 126
混合セメント……………………73, 74
コンデンサ……………………………194
混和剤……………………………………79

【さ行】
サーミスタ……………………………190
サーメット……………………………141
サイアロン（SiAlON）………………127
────セラミックス………………131
砕石（→バラスト）
サイディング……………………………60
酸化亜鉛………………………………168
──鉄……………………………………69
──物セラミックス……………………14
酸性白土…………………………………39
──耐火物……………………………151, 152
酸素ガス分圧測定センサ……………206
シール材…………………………61, 142
磁器……………………………9, 11, 45, 47
磁気記録材料…………………………202
磁性材料………………………………200
──流体………………………………203
漆喰………………………………65, 66
失透……………………………………92
時分割多重伝送技術…………………180
遮蔽材料………………………………203
斜長石……………………………20, 43
摺動材料………………………………141

索引

焼結セラミックス··················154
焼結体··························192
消石灰··························64
焼成煉瓦························153
蒸着薄膜························164
シラスバルーン····················38
シリカ····················43, 84, 89
──ガラス·········88, 89, 93, 104, 160, 167, 178, 182, 187
──ゲル·························104
──セメント······················74
シリコーン樹脂··················182
シリコン····················181, 185
──ウエハー················188, 189
──太陽電池····················177
──半導体······················184
ジルコニア······················168
──セラミックス···········14, 135
ジルコンチタン酸鉛··············197
人工大理石······················62
深成岩······················29, 34
シンタクティックフォーム········159
水晶発振子·····················199
水中音波探知機·················197
莇······························65
ステッパ················166, 167, 188
ストロボ·······················169
スピネル·······················168
スペースシャトル···············134
スラグ·························147
スラブ軌道······················82
脆性材料·······················126
生石灰·························64
生体材料·······················136
青銅·······················143, 144
ゼオライト······················40
石英··················20, 33, 43
──ガラス·················89, 93
石材···························33
積層セラミックコンデンサ···13, 195, 196
──チップコンデンサ···········17

石炭··························110
石油··························110
絶縁体（絶縁物質）······181, 182, 184
石灰岩（石灰石）·······25, 36, 64, 69
──コンクリート···········64, 76
──スラリー（泥漿）·······64, 65
石器····························4
炻器···························45
石膏·······················66, 68
──ボード······················61
接着剤·························63
セメント··················11, 63-75
──化合物······················68
──ペースト············64, 71, 75
──モルタル···················182
セラミックコンデンサ············194
──パッケージ·················183
──ファイバ··········154, 157, 158
──フィルタ···················155
繊維強化コンクリート············80
──プラスチック············3, 132
センサ·························204
線材··························192
先進セラミックス···14, 15, 18, 126, 140
閃緑岩······················29, 34
ソーダ石灰ガラス······89, 90, 92-94, 95
ゾノトライト系材料··············156
ソフトフェライト···············202
ゾル・ゲル法·············104, 155

【た行】

耐火物······11, 130, 134, 136, 150-153, 158
──煉瓦······················154
堆積岩··················29, 30, 37, 84
ダイヤモンド··········105, 106, 138-140
大理石························3, 35
タイル······················11, 60
多結晶·························47
──シリコン太陽電池···········177
多孔質材料（天然）··········37, 38
──セラミックス···············155

索引　211

———プリフォーム……………179
多孔体………………37, 154, 156
炭化珪素………………127, 139
———セラミックス……………130
———繊維………………158
炭化タングステン………………139
———チタン………………139
———物セラミックス……………14
タングステン………………167, 192
単結晶シリコン太陽電池………………177
炭素………………105-116, 192
———セラミックス……………14
炭素繊維…110, 112, 113, 127, 132, 134, 174
———強化コンクリート………81, 82
———強化樹脂………………132
———強化プラスチック………………133
炭素鋼………………146, 147
タンタルコンデンサ………………194
断熱ガラス………………101
———材料………………154
地球深部探査船「ちきゅう」………………28
チタバリ………………16, 185, 195
窒化珪素………………127
———セラミックス………………131
チャート………………44, 84
チャドウィック………………118
中性子………………118
中性耐火物………………151, 152
鋳鉄………………145, 147
超音波アクチュエータ………………198
———魚群探知器………………197
———洗浄器………………197
———内臓診断装置………………197
———縫製機………………197
———モータ………………198
長幹碍子………………182
超強力希土類磁石………………201
———硬合金………………140
———高純度等方性黒鉛材料………112, 187
———砥粒………………139
長石………………20, 42, 43, 55

———質（長石質物）………………41, 42
超早強セメント………………73
———伝導体………………193
チョクラルスキー法………………187
定形耐火物………………150, 153
抵抗体………………192
泥漿………………64, 66
低熱膨張材料………………160
テクニカルセラミックス……………14
鉄器………………144
鉄筋コンクリート………………79
手吹きガラス………………94
電界発光………………169
点火栓………………129, 182, 183
電磁波………………161, 162
———シールド………………203
電鋳煉瓦………………153
伝統セラミックス………………9, 11, 15
天然ガラス………………4, 5
———セラミックス………………4, 26
転炉製鋼法………………149
同位体………………116, 117
陶器………………11, 45
透光性アルミナ材料………………168
———セラミックス………………168
———多結晶アルミナ………………168
透水性舗装………………156
———煉瓦………………156
陶石………………36, 42, 53, 55
導体………………181, 193
東邦テナックス㈱………………113, 133
透明導電膜………………175
東レ㈱………………113, 133
土器………………6, 11, 44, 48
ドクターブレード法………………185
トバモライト系材料………………156
ドロマイト………………65

【な行】

生コンクリート………………78
鉛ガラス………………90, 165

軟質磁性材料……………………………201
難焼結性セラミックス…………………128
日本板硝子㈱……………………………100
──ガイシ㈱……………………12, 47, 160
──電気硝子㈱…………………………102
──特殊陶業㈱…………………………183
ニューガラス……………………………14
──セラミックス………………………14
ニュートン………………………………162
ネオパリエ®………………………62, 102, 103
ネオンサイン……………………………167
熱線反射ガラス…………………………101
練土………………………………………42
年代測定法（放射性炭素による）………117
粘土……………………………36, 39, 42, 69, 107
──質物…………………………………41
──セラミックス………………7, 11, 41, 42

【は行】

パーマロイ………………………………203
バーミキュライト………………………40
パーライト……………………38, 147, 155
ハーン……………………………………118
バイオセラミックス……………………14
バイコールガラス（vycol glass®）……103
ハイテクセラミックス…………………14
杯土………………………………………42
ハイドロオキシアパタイト……………137
バイヤー法………………………………129
パイレックス（pyrex®）……………90, 101
パイロセラム（pyroceram®）……………101
破壊靭性…………………………………126
鋼…………………………………………148
白色セメント……………………………73
白熱電灯…………………………………167
薄膜…………………………………175, 192
剥離（劈開）……………………………31
波長分割多重伝送技術…………………180
発光ダイオード……………………171, 172
バッチ……………………………………90, 92
ハニカムセラミックス……………159, 160

バラスト………………………………37, 82
バリスタ…………………………190-192
ハロゲンランプ…………………………167
半減期……………………………………117
半硬質磁性フェライト…………………202
半深成岩…………………………………29
ハンダガラス………………………90, 184
半導体……………………………………181
斑糲岩……………………………20, 29, 34
びいどろ…………………………………88, 94
ビーライト…………………………68, 70, 72
光触媒……………………………………176
光ファイバ…………………176, 178-180
引上げ法…………………………………187
非球面レンズ………………………163, 164
非晶質材料…………………………3, 4, 27
──繊維………………………………157, 158
㈱日立製作所……………………………188
ピッチ系炭素繊維……………………112, 113
ビトリアス………………………………88
表面弾性波………………………………199
ピルキントン社…………………………99
瓶ガラス…………………………………95
ファイアンス……………………………94
ファインセラミックス…………………14
フィラメント……………………………167
フィルムコンデンサ……………………194
封止ガラス……………………90, 170, 183, 184
──材料……………………………61, 142
フェライト…………………………185, 203
──相………………………………69, 70, 72
フェルミ…………………………………118
フェロセメント…………………………83
吹き付け耐火物……………………153, 154
複合多結晶体……………………………47
複層ガラス………………………………101
不焼成煉瓦………………………………153
物理的気相蒸着法………………………175
不定形耐火物……………………………153
フュージョン法（fusion process）……171
フラーレン……………………105, 114, 115

索引　213

フライアッシュセメント…………………74
ブラウン管………………………………169
プラスタ……………………………………66
プラズマ CVD 法…………………114, 176
────ディスプレー用板ガラス………171
フラックス…………………………………42
フラッシュランプ………………………168
プラントオパール………………………136
フリット…………………………90, 170, 184
フリント（燧石）……………………2, 43, 44
────ガラス…………………………165
プレキャスト工法…………………………82
プレキャスト・コンクリート……………81
────────────パネル……34
プリプレグ………………………………133
フロート式板ガラス………………………99
分相ガラス…………………………103, 155
米欧回覧使節団………………………12, 98
平炉製鋼法………………………………149
ベクレル…………………………………116
臍ガラス法……………………………97, 98
ペロブスカイト…………………………195
変成岩…………………………………30, 84
ベントナイト………………………………39
片麻岩…………………………………31, 43, 84
方解石…………………………………20, 25
硼珪酸ガラス…………………………90, 182
放射性壊変………………………………116
膨張セメント………………………………73
防犯ガラス………………………………101
ボーイング 787………………………133, 171
保温材料…………………………………154
ポゾランコンクリート……………………77
ポルトランドセメント
　…………………………61, 64, 66-69, 71-74, 84
ボンド磁石………………………………201

【ま行】

マイクロバルーン………………………159
マグネシア………………………………168
マコール（macor®）……………………102

マシナブルセラミックス………………102
マルテンサイト…………………………147
御影石…………………………………33, 34
三菱レイヨン㈱…………………………113
無アルカリガラス………………………171
無定形炭素…………………………105, 107
ムライトセラミックス…………………130
木炭……………………………108, 109, 140
モルタル………………………………75, 76
────耐火物…………………………154

【や行】

やきもの…………………9, 11, 41, 44-56, 182
釉…8, 44, 45, 47, 49, 51-53, 62, 94, 96, 182, 183
融剤（→フラックス）
誘電セラミックス…………………………15
油井セメント………………………………73
窯業…………………………………10, 44

【ら行】

ラザフォード……………………………116
ラミング耐火物……………………153, 154
立方晶窒化硼素（c-BN）………………140
流紋岩…………………………………29, 84
良導体……………………………………181
ルカロックス（Lucalox®）……………168
レーザ……………………………………172
────プリンタ………………………173
レチクル…………………………………166
煉瓦……………7, 8, 10, 11, 31, 59, 153, 156
レンズ……………………………………163, 176
錬鉄……………………………………144

【ろ行】

ローソーダアルミナ………………129, 183
ロータリー・キルン………………………69
ローパスフィルタ………………………199
ロール圧延式板ガラス……………………98

【わ行】

ワグネル…………………………………12, 96

◇著者略歴
加藤 誠軌（かとう まさのり）

1928 年 7 月	誕生
1949 年 3 月	熊本工業専門学校（旧制）工業化学科卒業
1952 年 3 月	東京工業大学（旧制）工業物理化学コース卒業
1957 年 3 月	東京工業大学（旧制）研究科特別研究生修了
1958 年 2 月	東京工業大学工学部助手
1967 年 8 月	東京工業大学工学部助教授
1974 年 1 月	東京工業大学工学部教授
1989 年 3 月	定年退官，東京工業大学名誉教授
2000 年 3 月	岡山理科大学教授　定年退職

◇主要著書

加藤誠軌・植松敬三 共訳,『ファインセラミックスの結晶化学』，アグネ技術センター，（1984 年）
加藤誠軌 著,『X線回折分析』，内田老鶴圃，（1990 年）
加藤誠軌 著,『研究室の Do It Yoursel』，内田老鶴圃，（1995 年）
加藤誠軌 著,『X線分光分析』，内田老鶴圃，（1998 年）
加藤誠軌 著,『やきものの美と用』，内田老鶴圃，（2001 年）
加藤誠軌 著,『標準教科 セラミックス』，内田老鶴圃，（2004 年）

都市工学をささえ続ける セラミック材料入門

著　　者	加 藤 誠 軌	2008 年 2 月 15 日　初版第 1 刷発行
		2017 年 2 月 15 日　初版第 2 刷発行
発 行 者	青 木 豊 松	
発 行 所	株式会社 アグネ技術センター	
	〒 107-0062　東京都港区南青山 5-1-25　北村ビル	
	電話 03（3409）5329（代表）・FAX03（3409）8237	
	振替 00180-8-41975	
印刷・製本	株式会社 平河工業社	

落丁本・乱丁本はお取替えいたします。
定価は表紙カバーに表示してあります。

©Masanori KATO, 2008
Printed in Japan
ISBN 978-4-901496-40-7 C0058